谨以本书

向汶川特大地震中不幸遇难的同胞致以深切悼念

向自强不息重建家园的广大灾区人民致以崇高敬意

四川省社科“十三五”规划项目2016年度项目专项成果（SC16B006）
国家留学基金（201908510015）
成都理工大学中青年骨干教师发展资助计划（10912-2019JX52-00940）

地震纪念性景观
对震区地方感建构的影响研究

MEMORIAL LANDSCAPES OF EARTHQUAKE:
LANDSCAPE PERCEPTION AND SENSE OF PLACE

唐　勇　王尧树　傅滢滢　钟美玲
向凌潇　刘雨轩　秦宏瑶　曾祥裕　/著

四川大学出版社

项目策划：唐　飞
责任编辑：唐　飞
责任校对：蒋　玙
封面设计：墨创文化
责任印制：王　炜

图书在版编目（CIP）数据

地震纪念性景观对震区地方感建构的影响研究 / 唐勇等著 . — 成都 : 四川大学出版社 , 2019.6
ISBN 978-7-5690-2913-0

Ⅰ . ①地… Ⅱ . ①唐… Ⅲ . ①地震灾害 – 纪念建筑 – 景观规划 – 研究 – 汶川县 Ⅳ . ① TU984.189

中国版本图书馆 CIP 数据核字 (2019) 第 104629 号

书名　地震纪念性景观对震区地方感建构的影响研究
DIZHEN JINIANXING JINGGUAN DUI ZHENQU DIFANGGAN JIANGOU DE YINGXIANG YANJIU

著　　者	唐　勇　王尧树　傅滢滢　钟美玲　向凌潇　刘雨轩　秦宏瑶　曾祥裕
出　　版	四川大学出版社
地　　址	成都市一环路南一段 24 号（610065）
发　　行	四川大学出版社
书　　号	ISBN 978-7-5690-2913-0
印前制作	四川胜翔数码印务设计有限公司
印　　刷	四川盛图彩色印刷有限公司
成品尺寸	170mm × 240mm
印　　张	13.5
字　　数	255 千字
版　　次	2019 年 6 月第 1 版
印　　次	2019 年 6 月第 1 次印刷
定　　价	50.00 元

扫码加入读者圈

◆ 读者邮购本书，请与本社发行科联系。
电话：(028)85408408/(028)85401670/
(028)86408023　邮政编码：610065
◆ 本社图书如有印装质量问题，请寄回出版社调换。
◆ 网址：http://press.scu.edu.cn

四川大学出版社
微信公众号

序 言

汶川地震十周年，如何重新审视和反思地震纪念性景观空间生产与灾区地方的关系，是具有重大历史意义与现实价值的命题。本书关注灾变下的地方毁灭与重构，其研究对象与内容包括两个层面：首先是以汶川地震纪念性景观为研究对象，分析以它们为核心的地方与空间问题；其次是分别从“游客凝视”与汶川地震灾区幸存者这两个关键性视角，考察地方感、人类空间体验与行为及其相互关系。研究重点在于揭示地震纪念性景观对于地方感建构直接而重要的影响。研究难点在于从灾区地震纪念性空间与公共游憩空间以及活动空间的关系入手，探讨地震纪念性景观如何引导感知，审视空间中人的态度与行为。作为跨学科研究，它涉及行为地理学、景观学、旅游学等哲学社会科学和自然科学的诸多领域。

本书综合运用案例研究、问卷调查、扎根理论等定量与质性研究方法，采用 IBM SPSS、SPSS Amos、ArcGIS 分析工具，通过地方考察、科学计量、生活体验等方式进行研究，包括汶川地震纪念性景观空间生产、汶川地震纪念性景观系统、汶川地震纪念性景观空间分布、汶川地震纪念地黑色旅游认知、地震纪念性景观知觉对灾区地方感的影响 5 个主要部分。相对于已有研究，其学术思想、学术观点、研究方法等方面的特色和创新之处在于：第一，将景观学与地理学的多元联结视为以意义、理解和主体间性等重要范畴为支撑和指向的关系，将研究视野拓展到空间生产、灾难记忆图式及其与地方性的密切关系上，提出将汶川地震纪念地的黑色旅游活动视为当代中国公民社会一种特殊的纪念形式与活动，理解为新的“纪念传统”（Invention of tradition）的发明，由此步入灾难地理学研究的新视域。第二，力求体现跨学科研究的特色，具备研究内容的交叉和融合，尝试与地理学空间思想的转变，以及空间现象学等作对接，试图提供一个综合的理论图景。同时，考虑地震纪念性景观对居住环境、社会心理所具有的正反两方面的作用，从汶川地震幸存者（灾区居民）和前往震区的外地游客双重视角设计全新量表，测量景观知觉、地方感等多维度特征，属于原创研究。第三，反思地震纪念性景观的空间生产和灾区居民与游客的关系，积极响应区域协调发展战略，有望为灾后重建区迫在眉睫的空间冲突、地方错置等问题的解决做出新贡献，对理想的灾后地方性空间规划和灾区复兴有一定的探索意义，特别是为社会主义核心价值观融入纪念性景观空间生产，转化为人们的情感认同和行为习惯提供实证依据和决策参考。

本书选题可追溯到我在博士期间的学习与研究经历。汶川地震发生以后，我一直从事地震纪念性景观与游客认知行为相关的研究工作。我的博士学位论文《龙门山地震地质遗迹景观体系与旅游发展模式研究》及同名专著对本书的部分基础性科学问题进行了探索。一方面，从景观地学的角度，关注地震灾害的直接衍生物——地震地质遗迹景观的成因、演化、特征、类型等基础性科学问题；另一方面，从资源利用的视角，尝试探讨灾区地震地质遗迹景观的旅游开发利用等现实层面的问题。

本书选题可归入灾难地理学这一充满挑战的交叉研究领域。引领我步入这一领域者当属康涅狄格大学地理系肯尼斯·富特（Kenneth E. Foote）教授。富特教授惠允我翻译出版他在灾难地理学领域的重要著作《灰色大地——美国灾难与灾难景观》（*Shadowed Ground*：*America's Landscapes of Violence and Tragedy*）。细心的读者不难发现，本书第2章的写作风格深受该书的影响。2012年12月至2014年1月，我有幸到美国科罗拉多大学地理系与康涅狄格大学地理系访学，在富特教授的指导下，从事灾后旅游目的地感知意向与地震纪念地黑色旅游研究。随之，我发表了一些可视为本书前期探索性研究的成果。例如，"Travel Motivation，Destination Image and Visitor Satisfaction of International Tourists after the 2008 Wenchuan Earthquake：A Structural Modeling Approach"采用结构方程模型初步揭示了汶川地震之后赴川入境游客的动机、目的地形象感知与满意度之间的认知结构关系；"Dark Touristic Perception：Motivation，Experience and Benefits Interpreted from the Visit to Seismic Memorial Sites in Sichuan"密切关注游客对于地震纪念地的基本态度，揭示出游动机、游览体验与游后价值评价及其之间的认知结构关系，提出了地震纪念地黑色旅游活动的理论框架。

美国科罗拉多大学丹佛校区地理系鲁迪·哈特曼（Rudi Hartmann）

教授鼓励我从事地震纪念地黑色旅游研究，并邀请我参编由帕尔格雷夫—麦克米兰出版社出版的 *The Palgrave Handbook of Dark Tourism Studies*（《黑色旅游研究指南》）(Stone，et al，2017)。我对该书的微薄贡献是完成了第四部分“Dark tourism and heritage landscapes”（黑色旅游与遗产景观）第十八章“Dark tourism to seismic memorial sites”（地震纪念地黑色旅游）(Tang，2018b)。哈特曼教授让我认识到黑色旅游研究是人文地理学家们关注的热点领域，而汶川地震纪念地旅游活动研究方兴未艾。这一认识通过一系列学术交流活动予以强化。2013 年至 2018 年期间，我携与本书相关的研究成果，先后于 University of Denver（Colloquium）、Young Scientists Networking Conference on Integrated Science（Poster session）、2015 年中国地理学会年会、2016 年美国地理学家协会年会、第 33 届国际地理大会、2017 年美国地理学家协会年会等会议上作特邀学术报告、交流。

我要特别感谢在美国访学期间的同窗好友——美国科罗拉多大学地理系杨洋博士、美国詹姆斯麦迪逊大学地理系盖伦·马特（Galen Murton）副教授。本书的研究问题始于与杨洋博士、盖伦副教授的讨论。正是与他们的愉快切磋与相互砥砺，让我开始深入思考汶川地震纪念性景观空间生产与灾区地方的关系，特别是重大地震灾害对人地关系的调整引发了对灾难记忆如何进入历史叙述、折射出怎样的人性与现实的理性反思。

本书受益于前期探索性研究，但不是论文成果的汇编，而是前期工作的深入和延续，在科学问题和应用范围等领域有实质性提升。本书的依托项目是“地震纪念性景观对震区地方感建构的影响研究”分别由四川省社会科学研究“十三五”规划项目（SC16B006）、国家留学基金（201908510015）及成都理工大学中青年骨干教师发展资助计划（10912—2019JX52—00940）共同资助。此外，四川景观与游憩研究中心一般项目——地震纪念性景观的游憩价值与地方感特征研究（JGYQ2015018）和四川省教育厅一般项目——基于结构方程模型的汶川地震纪念地游客动机、体验与价值认知研究（2016JGX09），均是由我主持的与本书密切相关的前期探索性研究。

本书写作历时 3 年有余，主要是我与成都理工大学旅游与城乡规划学院王尧树、傅滢滢、钟美玲、向凌潇、刘雨轩几位硕士研究生协同攻关、集体智慧的结果。第 1 章绪论由唐勇、王尧树负责；第 2 章汶川地震纪念性景观空间生产由唐勇、曾祥裕、秦宏瑶负责；第 3 章汶川地震纪念性景观系统由傅滢滢、王尧树负责；第 4 章汶川地震纪念性景观空间分布由王尧树、钟美玲、唐勇负责；第 5 章汶川地震纪念地黑色旅游认知由唐勇、向凌潇、钟美玲、刘雨轩负责；第 6 章地震纪念性景观知觉对灾区地方感的影响由唐勇、傅滢滢、王尧树负责。全书参考文献主要由傅滢滢负责整理，由曾祥裕负责统稿。刘学、薛广召、毛爽、杨悦、李晓强等硕士研究生参与了调研、访谈等田野工作。富特教授、张雪娟、柳柚伊、何明富等同仁为本书提供了部分照片。作者在此并致谢忱。

时间仓促，视野局限，难免错漏，敬请斧正，不胜感激。

唐 勇

2019 年 5 月于成都

目　录

第 1 章　绪　论……………………………………………………………………（ 1 ）
1.1　研究背景与意义 ………………………………………………………………（ 1 ）
1.2　理论基础 ……………………………………………………………………（ 4 ）
1.3　研究内容与目的 ………………………………………………………………（ 14 ）
1.4　研究对象与方法 ………………………………………………………………（ 14 ）
1.5　重点难点与创新 ………………………………………………………………（ 15 ）
第 2 章　汶川地震纪念性景观空间生产………………………………………………（ 17 ）
2.1　灾后重建中的地震纪念性景观 ………………………………………………（ 18 ）
2.2　地震纪念地的黑色旅游之争 …………………………………………………（ 21 ）
2.3　汶川地震后的灾害记忆图式 …………………………………………………（ 24 ）
2.4　本章小结 ……………………………………………………………………（ 27 ）
第 3 章　汶川地震纪念性景观系统……………………………………………………（ 29 ）
3.1　类型划分 ……………………………………………………………………（ 30 ）
3.2　宏观尺度 ……………………………………………………………………（ 32 ）
3.3　中观尺度 ……………………………………………………………………（ 48 ）
3.4　微观尺度 ……………………………………………………………………（ 61 ）
3.5　本章小结 ……………………………………………………………………（ 73 ）
第 4 章　汶川地震纪念性景观空间分布………………………………………………（ 76 ）
4.1　研究方法 ……………………………………………………………………（ 77 ）
4.2　研究结果 ……………………………………………………………………（ 78 ）
4.3　本章小结 ……………………………………………………………………（ 83 ）
第 5 章　汶川地震纪念地黑色旅游认知………………………………………………（ 85 ）
5.1　纪念地旅游活动 ………………………………………………………………（ 86 ）

5.2 研究设计 …………………………………………………………………………（88）
5.3 研究结果 …………………………………………………………………………（90）
5.4 本章小结 …………………………………………………………………………（94）

第6章 地震纪念性景观知觉对灾区地方感的影响…………………………（96）
6.1 研究设计 …………………………………………………………………………（97）
6.2 景观知觉 …………………………………………………………………………（107）
6.3 地方感 ……………………………………………………………………………（115）
6.4 迁居意愿 …………………………………………………………………………（124）
6.5 认知结构关系 ……………………………………………………………………（133）
6.6 本章小结 …………………………………………………………………………（141）

第7章 结论与讨论………………………………………………………………（144）

参考文献……………………………………………………………………………（148）

附 录………………………………………………………………………………（176）
附录1 地震纪念性景观基础数据表 ……………………………………………（176）
附录2 地震遗迹景观与旅游行为关系调研问卷 ………………………………（191）
附录3 地震纪念性景观与震区地方感调研（游客问卷） ……………………（195）
附录4 地震纪念性景观与震区地方感调研（居民问卷） ……………………（199）
附录5 灾区居民最优模型路径系数估计 ………………………………………（202）

第1章 绪 论

1.1 研究背景与意义

1.1.1 研究背景

灾难遗址之所以能够成为纪念地是因为它们大多见证了一国、一城、一地的某个重要历史时刻。近年来，新西兰霍克湾地震纪念墓园、中国台湾“9·21”地震纪念园、日本阪神大地震纪念园、泰国印度洋海啸纪念园、唐山地震遗址公园等地震灾区场域中关于纪念性景观与地方性关系问题的争论，逐渐成为游憩地理学、环境心理学、行为地理学、建筑叙事学，特别是社会文化地理学共同关注的前沿研究领域（Chen，Xu，2018；Foote，2003；Martini，Minca，2018；Ryan，Foote，Azaryahu，2016；Zhang，2013；段禹农，等，2016）。一方面，地震纪念性景观及其营造的纪念性空间与存在空间、行为空间相互叠加，既能引起情感共鸣，也可能由于空间冲突、失语、屏蔽、压缩引发地方错置与窥视剧场的伦理关切（Biran，et al，2014；Qian，et al，2017；Rittichainuwat，2008；Ryan，Hsu，2011；Tang，2014a，2018b；Yan，et al，2016；王金伟，张赛茵，2016；颜丙金，等，2016）；另一方面，对于地震纪念性景观，抑或“死亡景观”（Death－scape）、“恐怖景观”（Landscape of fear）的情感体验，既有基于正面情感联结的地方感，也可出现疏离感、焦虑感、恐惧感、耻辱感、风险感知等负面的“无地方性”（Placelessness）特征（Relph，1976；Tuan，1979）。在此背景下，审视地震纪念性景观与地方之间的关系是具有重大历史意义与现实价值的命题（图1－1）。

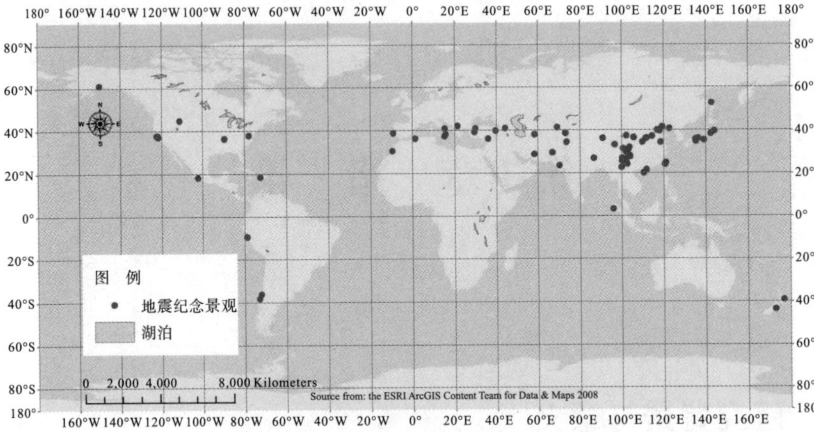

图 1—1 全球典型地震纪念性景观分布图

汶川地震见证了中国公民社会的成长，呈现了对中国社会发展的特殊意义（萧延中，等，2009；黄承伟，赵旭东，2010），也为了解地震纪念性景观对于灾区地方感建构的作用提供了重要契机。2008 年 5 月 12 日 14 时 28 分 4 秒，龙门山地震带发生了汶川 Ms8.0 级地震，仪器震中位于映秀镇（31°00′N，103°24′E）。汶川大地震主要是沿映秀—北川断裂和灌县—江油断裂发生的逆冲兼右旋走滑破裂事件（Parker，et al，2011；Wang，et al，2008；王卫民，等，2008）。此次地震是新中国成立以来破坏最强、灾害最重、救灾难度最大、波及范围最广的特大地震（邹和平，等，2009）。汶川地震主震区地质构造复杂，断裂发育，加之地震烈度高、震源浅，触发了大量滑坡、崩塌、碎屑流、泥石流等次生地质灾害，造成自然和生态环境的巨大破坏，使人员和财物遭受巨大损失（Huang，Chen，Liu，2012；Svirchev，et al，2011）。地震波辐射半径 2000 km，灾区涉及四川、甘肃、陕西等 10 个省区市的 417 个县，受灾面积 4.1×10^5 km^2，受灾人口 4625 万人，直接经济损失 8451 亿元人民币（汶川地震灾后恢复重建总体规划，2008）。截至 2008 年 8 月 25 日，地震共造成 69227 人死亡，374643 人受伤，17923 人失踪（汶川地震灾后恢复重建总体规划，2008）（图 1—2）。

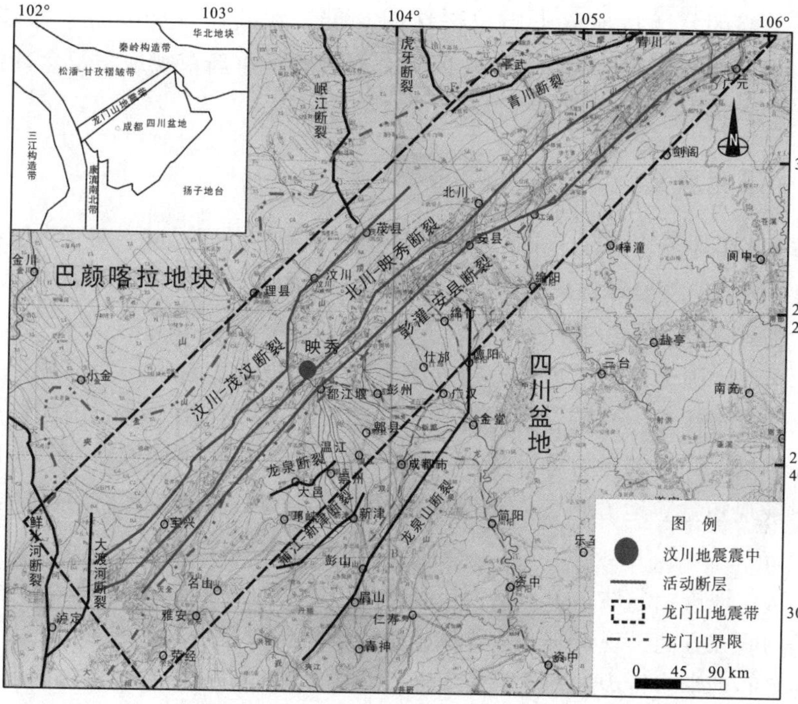

图 1-2　龙门山地震带与龙门山脉及四川盆地构造位置关系图（唐勇，2012）

灾后恢复重建的关键时期，不论是国务院还是四川省人民政府所发布的规划、条例均指出，“保留必要的地震遗址、建设充分体现伟大抗震救灾精神的纪念设施的重要目的在于宣扬抗震救灾中激发的伟大民族精神和精神家园的重建”。事实上，灾后恢复重建的做法远远超出了对具有典型性、代表性、科学价值和纪念意义的地震遗址保护的初衷，而是逐渐将其视为地震遗迹旅游或地震专题旅游，特别是地震纪念遗址黑色旅游活动的核心吸引物（Yang，2008；Yang，Wang，Chen，2011；唐勇，等，2010，2011，2012，2014；王金伟，王士君，2010）。然而，不论是《汶川地震灾后恢复重建条例》（国务院令第526 号）、《汶川地震灾后恢复重建总体规划》（国发〔2008〕31 号）、《国务院关于做好汶川地震灾后恢复重建工作的指导意见》（国发〔2008〕22 号），还是 2009 年四川省人民政府第 39 次常务会议审议通过的《北川、映秀、汉旺、深溪沟地震遗址遗迹保护及博物馆建设项目规划》，均没有明确提出将地震遗址作为旅游资源予以开发利用的指导性意见（彭晋川，陈维锋，2008；阚兴龙，李辉，周永章，2008）。

2018 年，迎来了汶川地震十周年，以关注人类共同命运、携手应对自然灾害为主题的“汶川地震十周年记忆图片展”在欧盟议会举行（韩基韬，2018），这标志着汶川地震之殇再次回到公众视野，重新审视地震纪念性景观与灾区地方性问题的关系恰逢其时。

1.1.2 研究意义

基于汶川地震之殇在未来数十年，甚至数百年的时间尺度上对于中国社会发展的特殊价值与全球意义的认识，本书所关注的核心科学问题相对于已有研究具有独到的学术价值和现实意义：

首先，中国为纪念汶川地震建立了世界上规模最为宏大、保存最为完整的纪念性景观体系，它们在地方建构中必将发挥重要作用。基于震区特殊场域，探讨景观知觉与地方性，揭示人地关系，本书所提出的创新性科学问题对认识景观知觉、地方感、人类空间体验与行为及其相互关系将有清晰的新贡献。

其次，地震纪念性景观知觉为核心的地方感特征研究，是近期人文地理学所提倡的研究方向。现有研究主要从旅游地理学、景观地理学的角度展开，尚未与环境心理学、行为地理学、灾害地理学等学科作充分对接。本书的前瞻性与学科交叉性突出，有望在相关理论与实证研究方面取得新突破。

最后，大震以后地方重建，为纪念性景观与震区地方性问题研究提供了良好实验场所。汶川地震十周年，反思地震纪念性景观知觉、地方感特征及其与迁居意愿的关系，有望为规划建设理想的灾后地方性空间、实现区域协调发展提供指导与借鉴，从而将基础科学问题研究引入对策分析的现实层面，由此凸显巨大的现实意义。

1.2 理论基础

“景观”（Landscape）是一个内涵丰富的概念，也是解读气候变迁、环境退化、遗产保护等诸多问题的重要视角。人们通过塑造景观来实现与未来沟通的目的，景观的符号体系、象征体系将帮助人们实现跨越时空阻隔的交流。不同社会、不同文化有诸如宗教仪式、口头传承等多种保存共同的价值观、信仰的方式，但是景观类似于文字记载，是一种能够长时间存留的视觉表现形式，其特色鲜明、优势突出（Foote，2003）。纪念性景观研究具有典型的跨学科特征，其地方、空间问题是游憩地理学、环境心理学、行为地理学、建筑叙事学，特别是社会文化地理学的热点领域（Antrop，2013）。本节聚焦于地震灾难之后涌现出的纪念性景观，并以此为切入点，回溯前人在纪念性景观（Memorial landscape）、黑色旅游（Dark tourism）、地方感（Sense of place）等不同概念之下所作的若干有价值的探讨。

1.2.1 纪念性景观

1.2.1.1 纪念性景观分类

从“地理”一词的语源上讲，景观无疑是“大地之痕”（Earth writing）（Foote，2003）。依托景观这个“容器”将人类记忆、文化精神等抽象物质载入其中，从而产生具有纪念行为的“活体”景观——纪念性景观（Memorial landscape），这更像是人类的专利（李开然，2005）。从游憩地理学的视角出发，王欣等（2010）认为，纪念性景观是以纪念人和事为目的建造的、以供人们回忆或铭记为主要特征的、具有历史意义和文化价值的自然环境和游憩境域。实际上，纪念性景观既可以是游憩学所谓的“游憩境域”，也可能是地理学所关注的纪念历史事件或人物活动的“场所”（方远平，唐艳春，赖慧珍，2018），还可能是建筑学所认为的有形或无形的“纪念形式”（赵凯，唐晶，郑东军，2013），或者说是景观学意义上的物质性或抽象性景观（李开然，2008；刘滨谊，姜珊，2012）。

国内对于纪念性景观的类型学研究积累了较多前期成果，但标准和方案尚存争议（刘滨谊，李开然，2003；李彦辉，朱竑，2012）。从纪念对象的角度出发，分为纪念人物型景观、纪念事件型景观、综合性纪念性景观；按照纪念性景观的选址差异，又可以分为遗址类纪念性景观、非遗址类纪念性景观及综合性纪念性景观（王欣，谢雄，王崑，2010）。依照纪念性景观形成过程，刘滨谊等（2012）尝试将初始—二次承载型（刘滨谊，李开然，2003）与主动—被动型（李开然，2008）组合为4种基本类型：主动性初次承载型、被动性初次承载型、主动性二次承载型、被动性二次承载型，涵盖牌坊、纪念碑、纪念地、陵墓等不同类型及空间尺度的纪念性景观。

国外对纪念性景观的类型学研究似乎不是特别关注，而是侧重于相关案例研究。例如，“9·11”国家纪念馆记忆与体验（Baptist，2015），纪念碑与纪念馆（Alderman，Dwyer，2009），堪培拉纪念性景观规划（Stevens，2013）等。从案例的主题来看，主要集中在4个方面（李彦辉，2012）：战争（Packer，Ballantyne，Uzzell，2019）、纳粹屠犹（Charlesworth，1994）、政治运动（Alderman，2000）、中东欧（Burnett，2005）。美国通过国会对纪念性景观进行命名和授权，形成由国家公园管理局统一管理的“国家纪念景观”（National memorial）体系，包括战争遗址地、灾难原址、纪念碑、纪念园、纪念建筑等30处。

中国国家级纪念性景观体量较大，但主要以人民英雄纪念碑、毛主席纪念堂、抗战纪念设施与遗址名录等红色纪念性景观为主（李珊珊，2006；张红卫，张睿，2016）。1949年9月30日，中国人民政治协商会议第一届全体会议通过决定建设人民英雄纪念碑；1976年11月24日，中国共产党中央委员会决议建设毛主席纪念堂；2014年9月1日，为隆重纪念中国人民抗日战争暨世界反法西斯战争胜利69周年，经党中央、国务院批准，国务院发出通知，公布第一批80处国家级抗战纪念设施、遗址名录；2015年8月24日，经党中央、国务院批准，国务院发出通知，公布第二批100处国家级抗战纪念设施、遗址名录。

1.2.1.2 纪念性景观表达

中西方纪念性景观在象征、隐喻等手法的使用上相互借鉴，成果颇丰（张云，2009；李彦辉，朱竑，2012；刘玲，许自力，2017；王冬青，2005；张红卫，王向荣，2010；何疏悦，王春芳，季建乐，2014）。景观学按照表达形式的不同，将其归纳为保留复原法、阐释叙述法、重构更新法、强化渲染法和象征隐喻法等手法（王欣，谢雄，王崑，2010）。建筑学从设计视角出发，分为象征、叙述、再现、隐喻等手法（赵凯，唐晶，郑东军，2013）。借鉴叙事学理论，李方正等（2013）提出场景再现、隐喻、象征、留白、对比等手法。

纪念性景观在视觉表达效果与植物景观营造策略的研究，开启了纪念性景观表达的新视角（武小慧，2004；刘滨谊，姜珊，2012；欧阳桦，杨婷婷，2013；杜辉，2016）。武小慧（2004）以南京雨花台烈士陵园纪念区为案例，对其丰富的植物景观进行研究，发现植物景观可以更加突出景观的纪念性。欧阳桦等（2013）以重庆市忠县将军林为案例，也做了类似的研究，但与武小慧的研究相比，更深入地研究了纪念性空间中的植物景观的营造策略。赵纪军等（2011）以武汉首义公园为案例，通过回顾近百年来首义公园中的各种纪念性表现，研究了从园林到景观纪念性的发展规律。方叶林（2013）和杜若菲（2016）等以南京大屠杀遗址纪念馆和纪念碑为案例，研究了战争纪念馆游客旅游动机对体验的影响和战争遗址纪念碑的价值评价。王越（2017）以周恩来同志故居为案例，进行了纪念地与纪念性博物馆比较的研究。

从地理学的角度对纪念性景观的研究大多集中在景观的集体记忆方面，尤其是城市集体记忆。“人文地理学者在考察和解释纪念性景观时强调空间的意义，以建构主义和解释主义的哲学观为指导，分析纪念性景观的社会和空间过程以及纪念性空间的开放性、象征性和竞争性”（李彦辉，朱竑，2012；Alderman，2000；Dwyer，Alderman，2008；Foote，2003；Lowenthal，1975；Tuan，1974）。例如，李彦辉等（2013）以黄埔军校旧址为案例，研究了地方传奇、集体记忆与国家认同的相互关系。周玮等（2014）以南京夫子庙秦淮风光带为案例，从城市记忆的文化旅游地的角度出发，研究了游后感知维度分异。汪芳等（2015）以对纪录片《记住乡愁》进行内容分析为案例，研究了传统村落的集体记忆。侍非等（2015）以南京大学校庆典礼为例，研究了集体记忆和象征空间的建构过程及其机制。近年来，地理学以空间叙事理论为指导，聚焦纪念碑、纪念馆、纪念地等不同空间尺度下纪念性景观叙事类型与策略，丰富了纪念性景观主题与思想表达的基础理论（Alderman，2009；Azaryahu，Foote，2008；侍非，等，2014）。例如，Ryan等（2016）提出了点叙事、时序叙事、复杂叙事、混合叙事四种策略。

1.2.1.3 纪念性景观感知

近年来，景观价值或意义与地方感之间的关系成为重要研究问题（Brown，Raymond，Corcoran，2015；Fishwick，Vining，1992；Kaltenborn，Bjerke，2002）。例如，从居民、旅游者或游憩者的视角，研究文化景观（唐文跃，2011；邱慧，等，2012；李凡，朱竑，黄维，2010；张敏，汪芳，2013）、遗产景观（郑群明，等，2014；苏勤，钱树伟，2012）与地方感之间的关系。此外，书法景观作为中国传统特色的纪念性景观，是具有国际对话潜力的领域（张捷，等，2012，2014；Zhang，et al，2008，2012；Zhou，Zhang，Edelheim，2013）。然而，相关实证案例集中于战争、种族屠杀等“人祸”，而对地震、洪水等自然灾害的关注不足（White，Frew，2013）。例如，南京大屠杀纪念馆、黄埔军校旧址纪念馆、南昌八一起义纪念馆、第一次世界大战遗址、安大略省监狱博物馆等（方叶林，等，2013；左冰，周东营，2014；冯淑华，2008；Dunkley，Morgan，Westwood，2011；Winter，2011；Belhassen Caton，Stewart，2008；Walby，Piche，2011）。

围绕纪念性景观的动机、体验与景观知觉具有多维度特征（Cohen，2011；Hughes，2008；Bigley，et al，2010；Strange，Kempa，2003）。然而，缅怀逝者或对死亡景观（Death－scape）的“好奇”在旅游决策中的作用孰重孰轻（Hartmann，2014）？再如，纪念地之旅能够让人有所收获或产生多方面的游后价值认知（Kang，et al，2012；Cohen，2011）。虽然景观可能有美感、经济、游憩等正面价值，但“死亡景观”却可能对居住环境、社会心理等产生负面影响（Brown，et al，2009，2015；White，Frew，2013）。鉴于景观价值的矛盾性，我们应该如何理解纪念性景观的空间效应对于地方感建构的作用与意义？

纪念性景观与集体记忆、地方感等关系密切（Graham，Ashworth，Tunbridge，2008）。《遗产、记忆与自我认知：文化景观新视角》肯定了遗产景观对于集体记忆及地方认同形成的作用（Moore，Polley，2007）。《灰色大地——美国灾难与灾害景观》以及《重塑美利坚：二十世纪的公众记忆、纪念活动与爱国运动》关注灾难记忆、纪念活动及景观如何促成新的纪念传统的产生（Foote，2003；Bodnar，1992）。然而，由于综合因素对于记忆空间的作用，地震纪念性景观中的社会记忆出现选择性与倾向性，景观的空间分配不平，高风险区域的地方依恋受制于“空间维度折扣效应”（Billig，2006）。由此，环境补偿、房租水平、不动产价格等指标反映出景观空间效应对于地方感的影响（Hannon，1994；Devine-Wright，Howes，2010）。那么，后汶川地震时期，地震纪念性景观发挥了怎样的空间效应？在何种程度上重塑了地方感，进而强化了国家认同？

除少数地震、洪水等特别重大的自然灾害由于具有缅怀逝者、警示后人等突出作用而被“记住”，大多由于伤亡惨重且缺乏必要的“意义”或“价值”被“遗忘”（Foote，2003；Frost，Laing，2013）。Lowenthal（1975）指出，与荣耀关联的景观通常免受破坏，但背负耻辱者往往被擦除。Foote（2003）将公众对灾难事件的响应归纳为公众祭奠、立碑纪念、遗址利用与记忆湮灭四种相互联系并转化的形式。因此，地震纪念碑、纪念广场、博物馆等不同空间尺度的纪念性景观，成为公众祭奠的重要空间与集体记忆的重要载体。前期研究中，我们从游客视角，初步探测了游览体验在变量间的中介作用（Tang，2014a）。然而，当地居民如何看待地震纪念性景观，尚不可知（Kianicka，et al，2006）。

1.2.2 黑色旅游

1.2.2.1 黑色旅游动机

“黑色旅游”（Lennon，Foley，2000）又称为“死亡旅游”（Thanatourism）（Seaton，1999）。此概念涵盖“暴力遗产旅游”（Atrocity heritage tourism）及

“大屠杀遗址旅游”（Holocaust tourism），但包含于“不和谐旅游”（Dissonant heritage）的语义范畴（Tunbridge，1996；Buntman，2008）。前人从供给或需求的视角对此类旅游进行了研究。前者如“黑色旅游谱”（Strange，Kempa，2003；Stone，2006）、“黑色旅游象限”（Sharpley，Stone，2009），后者如“黑色旅游消费模型”（Stone，Sharpley，2008）。

除理论研究外，对于“前往灾难纪念地的游客认知”也积累了较多实证成果（Bigley，et al，2010；Strange，Kempa，2003）。例如，虽同为探访第一次世界大战遗址，前往法国的游客多为缅怀死难者或热衷于战争史（Dunkley，Morgan，Westwood，2011），而到比利时者则倾向于获得休闲体验（Winter，2011）。对宗教徒而言，耶路撒冷朝圣之旅的“真实性体验”（Authenticity）至关重要，但普通游客更关注娱乐性需求的满足（Belhassen，Caton，Stewart，2008）。又如，安大略省的“监狱博物馆”使人反思人性冷漠，也让人对生命的顽强充满敬意（Walby，Piche，2011）。如果说黑色旅游者区别于普通游客的重要特征在于其特殊的出游动机（Hartmann，2014），那么“缅怀死难者”（Commemoration）和对“死亡景观”（Death－scape）的“好奇”在旅游决策中的作用孰重孰轻？换言之，前往地震纪念地的大众应归入普通游客之列，还是划入有着特殊出游动机的群体？抛开争议，较为一致的看法是“纪念地之旅能够让人有所‘收获’（Benefits）或产生多方面的游后价值认知”（Cohen，2011；Hughes，2008）。例如，缅怀死者（Remembrance/Commemoration）、增长知识、反思生命的意义（Meditation/Reflection）等。Kang等（2012）进一步指出“价值认知与出游动机以及游览体验之间有着微妙关系”，但这种隐含的关系并不完全清晰。因此，汶川地震纪念地为深入揭示上述变量之间的认知结构关系提供了重要契机。

1.2.2.2 灾难地黑色旅游

灾难地黑色旅游的实证案例主要集中在战争、种族屠杀等由人类活动引发的纪念地，而对地震、洪水等自然灾害类纪念地的游客认知关注不足。究其原因，除少数特别重大的自然灾害由于具有缅怀逝者、警示后人等突出作用而被“记住”，其余则由于伤亡惨重且缺乏必要的“纪念意义”而被“遗忘”（Foote，2003；Frost，Laing，2013）。对于地震灾害而言，此规律同样适用，相关纪念地数量较为有限。规模较大者如唐山地震遗址纪念公园、奥克兰地震纪念公园等。研究案例较少解释了关注地震纪念地旅游活动的相关成果相对缺乏的原因。除《台湾“9·21”地震博物馆游客动机研究》直接关注地震纪念地的游客感知外（Ryan，Hsu，2011），其余成果侧重于震后旅游目的地风险感知（Rittichainuwat，2011，2013；Mantyniemi，2012）、地震事件的旅游影响（Birkland，et al，2006；Calgaro，Lloyd，2008；Cohen，2011；Mazzocchi，Montini，2001）及震后旅游产业应对（Huan，Beaman，Shelby，2004；Huang，Min，2002；Tsai，2011）三个方面的内容。

近年来，奥克兰地震纪念公园、日本阪神大地震纪念公园、中国台湾“9·21”地震纪念园等与震灾相关的纪念场所演变为黑色旅游地（Lennon，Foley，2000；Sharpley，Stone，2009）。由此，出现了少量以震区或相关纪念地为场景，探讨黑色旅游动机、体验的成果（Ryan，Hsu，2011；Coats，2013；Rittichainuwat，2008，2011，2013；Biran，et al，2014；Chew，Jahari，2014；Teigen，Glad，2011）。例如，《台湾“9·21”地震博物馆游客动机》（Ryan，Hsu，2011），《观光客与灾后重建：新西兰基督城地震的游客感知及其黑色旅游发展启示》（Coats，2013），《风险感知、重游意愿与目的地形象感知：以震后日本为例》（Chew，Jahari，2014），《游客对泰国普吉岛灾害的响应：泰国本地游客与斯堪的纳维亚半岛地区游客的出游动机比较》（Rittichainuwat，2008，2011，2013）。我们已采用“结构方程模型”揭示了汶川地震之后赴川入境游客的动机、目的地形象感知与满意度之间的结构关系（Tang，2014b），但尚未将研究视野拓展到地震纪念地的空间与地方问题研究。

汶川地震遗址纪念体系是研究地震专题旅游的关键区域，大量侧重于政策或对策分析层面的研究成果积极助推了旅游产业恢复重建与地震遗址的保护性开发（阚兴龙，李辉，周永章，2008；彭晋川，陈维锋，2008；Yang，2008；Yang，Wang，Chen，2011；王金伟，王士君，2010；唐勇，2014b；唐浩，唐勇，2011）。震后赴四川及震区的旅游动机、消费心理、旅游地形象感知与重游意愿也是重要研究内容（Shi，et al，2013；Tang，2014；李敏，等，2011；李琼，2011；刘妍，等，2009；甘露，刘燕，卢天玲，2010；宋玉蓉，卿前龙，2011；唐勇，等，2011；李悦，2010；唐弘久，张捷，2013；吴良平，张健，王汝辉，2012）。前述成果对震后游客认知研究有所助益，但缺乏对地震纪念地的集中关注，这使得我们对于游客如何看待地震纪念地不得而知。具体而言，选择地震纪念地的出游动机是否具有特殊性？地震纪念物是否充分表达了对死难者的同情与幸存者的关怀？“地震之旅”到底让人收获了什么？对于这一系列问题的解答将使我们的研究视野拓展到“动机、体验与价值认知”的维度，突破“动机、满意度与重游意愿”的研究范式，因而本项目是关于游客认知行为研究的一次重要尝试。

前人多使用线性结构关系模型（Linear structural relations models）探究旅游动机、目的地形象感知、游客满意度、重游意向等变量之间的关系（Chen，Chen，2010；Eusebio，Vieira，2013；Huang，Hsu，2009；Lee，Yoon，Lee，2007；Yoon，Uysal，2005）。“结构方程模型”（Structural equation modelling）则是近年来引入旅游领域的新方法（Baker，Crompton，2000；Bigne，Canchez，Sanchezl，2001；Nusair，Hua，2010；Kruger，2013；Lim，Bendle，2012；Liu，Yen，2010；史春云，张捷，尤海梅，2008；高军，马耀峰，吴必虎，2012；谢彦君，余志远，2010；张维亚，等，2013；毛小岗，宋金平，冯徽徽，2013；张宏梅，等，2011）。前期研究中已采用“结构方程模型”（SEM）揭示了汶川地震之后赴川入境游客的动机、目的地形象感知与满意度之间的结构关系，并初步探索了“地震之旅的游览体验在出游动机与价值认知之间扮演着中介变量的作用”（Tang，2014a，2014b）。因此，本项目采用SEM模型进一步探测潜变量之间的结构关系，将引领前期研究向纵深发展。

综上所述，本书以前往汶川地震纪念地的游客为研究对象，采用实证研究设计，重点解答其选择地震纪念地的动机、游览体验及其对纪念地的社会、文化以及精神层面的价值认知，并最终揭示出游动机、游览体验、价值评价之间的认知结构关系。

1.2.3　地方感

1.2.3.1　地方感维度

地方感的研究始于Tuan（1974，1977，1979）、Relph（1976）等将“地方”“恋地情结”“敬地情结”等概念引入人文地理学，并从行为主义视角、非实证主义视角，特别是现象学视角，探讨人地关系与景观意义。从感知、态度、价值等角度，地方感维度的划分方式不尽相同（Jorgensen，Stedman，2006），包括地方依恋、地方认同、地方依赖、根深蒂固感、地方满意度等（Proshansky，1978；Stokols，Shumaker，1981；Altman，Low，1992）。

地方感是人对地方及其价值、意义、象征物的一种情感联结（Williams，Stewart，1998），是比地方依恋等包容性更强的术语，但其含义却相对模糊（朱竑，刘博，2011）。地方依恋偏重心理过程，涉及负面情结（Hernández，et al，2007；Manzo，2003）；地方满意度强调地方满足人需要的能力与价值

(Stedman, 2002); 地方依赖体现了人对于地方环境的依赖性 (Brown, Raymond, 2007); 地方认同是社会角色对地方的自我认知，包含信仰、情感、感知等方面 (Proshansky, Fabian, Kaminoff, 1983)。地方感涉及家、邻居、城镇、国家等不同尺度的居住空间，以及山地、湖泊、森林等不同类型的游憩景观 (Soini, Vaarala, Pouta, 2012; Hernández, et al, 2007; Hidalgo, Hernández, 2001; Stedman, 2003)。例如，“居处地”的地方感 (Soini, Vaarala, Pouta, 2012); “家”的地方认同或地方依恋等 (Hernández, et al, 2007; Hidalgo, et al, 2001)。

1.2.3.2 地方感测量

实证主义研究将地方感划分出不同的强度 (Relph, 1976; Shamai, Kellerman, 1985)，并强调对“负面”地方感的测量 (Arnon, 2001)。例如，McAndrew (1998) 倾向于使用“根深蒂固感” (Rootedness) 来表征地方感的正反两面特征。根据是否设计正反两方面的问题 (Polarity)、是否将人“内心”作为黑箱 (Dimensions)、是否包含多个维度的问题 (Components)、是否将问题分组 (Directness)，可将地方感量表分为四种类型 (Piveteau, 1969; Shamai, 2005)。

地方感测量主要使用包含不同维度的结构化或非结构化量表 (Jorgensen, Stedman, 2001, 2006; Williams, Vaske, 2003)。地方感研究常使用三维、两维或五维量表 (Jorgensen, Stedman, 2001, 2006; Hammitt, Backlund, Bixler, 2006; Williams, Vaske, 2003)。质性方法如深度访谈、文本分析、焦点访谈等文字策略 (Devine-Wright, Howes, 2010)，以及地图、照片等视图策略 (Black, Liljeblad, 2006; Brown, 2005; Brown, Raymond, 2007)。其中，社会地图、认知地图等被广泛应用于“多感官问题研究” (Serriere, 2010; Novack, Gowan, 1996; Powell, 2010)。

综上所述，汶川地震见证了中国公民社会的成长，呈现了对中国社会发展的特殊意义 (萧延中，等，2009; 黄承伟，赵旭东，2010)，也为了解地震纪念性景观对于地方感的作用提供了重要契机。灾后恢复重建、地震纪念性景观以及黑色旅游活动一定程度地重塑并深远地影响了公众对震区的地方感 (Yang, 2008; Yang, Wang, Chen, 2011; 彭晋川，陈维锋，2008; 王金伟，王士君，2010; 李敏，等，2011; 刘妍，等，2009; 李敏，等，2011; 陈星，等，2014; 宋玉蓉，卿前龙，2011; 唐弘久，张捷，2013)。鉴于前人缺乏对地方感的必要关照，本项目将突破“动机、满意度与重游意愿”的研究范式，将视野拓展到地方依恋、地方认同、地方依赖等多个地方感维度的测量。

1.2.3.3 地方感建构

按照现象学派的观点，景观是具有实体形态的自然与文化综合体，而地方则是景观体验发生的场景（Relph，1985）。从此意义上，景观与地方相互包含。Stedman（2003）发现，景观变迁能够一定程度地改变地方依恋的象征物。然而，地方感建构在何种程度上受到景观变迁的影响，在何种程度上受制于社会文化因素（Dale，Ling，Newman，2008；Soini，2001），这是需要进一步研究的问题。

一方面，地方感建构受到社会因素、离家距离、居住时间、性别、环境感知、景观价值等因素的综合影响（Stedman，2003；Hidalgo，Hernández，2001），涉及家、邻居、城镇、国家等不同尺度的居住空间（Soini，Vaarala，Pouta，2012）；另一方面，文化地理学的景观尺度是指其文化意义覆盖的区域尺度，包含游憩景观（唐文跃，等，2011）、文化景观（张敏，汪芳，2013）、遗产景观（郑群明，等，2014）、书法景观（Zhang，et al，2008，2012）等类型。然而，对于纪念性景观及其地方感问题研究，必须脱离对纪念广场和纪念碑等实体形态的调查和刻画，并拓展到纪念性景观与社会记忆、地方、国家认同等的密切关系上（方叶林，等，2003；左冰，周东营，2014；Winter，2011；Simpson，Corbridge，2006）。由此，本书将马克思主义景观理论（Marxist theories of landscape）以及空间修复理论（Spatial fix）作对接，将地震纪念性景观视为文化、政治、经济等因素作用下的文本，将地震纪念性景观的物质空间和情感空间生产解读为空间修复的过程（Harvey，1988），进而实现本项目的理论建树。具体而言，本书关注地方感是否构成了地方本性，即空间上不可迁移性和唯一性，以及地方感是否可以实现空间尺度的转换。

人文主义地理学注重地方的主观建构过程，而后人文主义地理学强调从个体的情感经验透视地方结构（Tuan，1974；Tuan，1977）。按照现象学的观点，地方是景观体验的场域（Relph，1976；Saar，Palang，2009）。由此，地方建构是现象学、地理学视域下恋地情结、敬地情结，特别是地方认同、地方依恋、地方依赖与地方归属感等地方感响应灾区场域人地关系不断调整的结果（Brown，Raymond，2007；McAndrew，1998）。

综上所述，对地震纪念性景观与灾区地方的关联性问题的研究趋势是：以聚焦地震纪念性景观为核心的地方建构过程，将认知地图迁移到文化地理学，通过地方考察、科学计量、生活体验等方式进行综合研究（Kwan，Ding，

2008；Boschmann，Cubbon，2014；Brown，Raymond，2007）。

1.3 研究内容与目的

1.3.1 研究内容

本书研究地震纪念性景观作用下的灾后重建区地方感特征，重点关注二者的关系及其对于迁居意愿的影响，包括如下五部分内容：第一，汶川地震纪念性景观空间生产。审视地震纪念性景观的命运及其变迁，解析地震纪念性景观的物质空间和情感空间生产过程，特别是灾害记忆的封存、唤起和重构过程及其本质特征和发展脉络。第二，汶川地震纪念性景观系统。以地震纪念性景观的本体特征研究为突破口，选取汶川地震灾区场域典型地震纪念性景观，审视地震纪念性景观的主要类型及赋存现状与特征。第三，汶川地震纪念性景观空间分布。基于汶川地震灾区场域的典型案例，揭示地震纪念性景观的空间分布特征。第四，汶川地震纪念地黑色旅游认知。密切关注黑色旅游者对于汶川地震纪念地的基本态度，重点揭示其黑色旅游动机、游憩价值与重游意愿三组变量间的认知结构关系。第五，地震纪念性景观知觉对灾区地方感的影响。重点关照地方建构的主观过程，转而从灾区纪念性空间与活动空间的关系入手，探讨地震纪念性景观如何引导感知，审视纪念性空间中人的行为。

1.3.2 研究目的

本书选择汶川地震灾区（震区）为研究范围，解析地震纪念性景观的物质空间和情感空间生产过程，审视地震纪念性景观的主要类型及赋存现状与特征，揭示地震纪念性景观的空间分布特征与规律，探究黑色旅游动机、游憩价值与重游意愿的认知结构关系，考察景观知觉、地方感的总体特征、差异特征与维度特征，阐明地震纪念性景观知觉为核心的地方感形成过程，以期为良性的地方感营造与国家认同强化提供决策依据。

1.4 研究对象与方法

1.4.1 研究对象

本书关注灾变下的地方毁灭与重构，其研究对象包括两个层面：首先是以汶川地震纪念性景观为研究对象，分析以他们为核心的地方与空间问题；其次是分别从“游客凝视”与汶川地震灾区幸存者这两个关键性视角，考察地方感、人类空间体验与行为及其相互关系。

1.4.2　研究方法

本书以行为地理学、环境心理学、现象学等理论为指导，综合运用案例研究、问卷调查、扎根理论等定量与质性研究方法，采用 IBM SPSS、SPSS Amos、ArcGIS 分析工具，通过地方考察、科学计量、生活体验等方式进行研究。

问卷设计：参考相关问卷，结合课题组前期研究成果，从感知、态度、价值、情感、经验和行为的角度，分别编制了 3 份自填式半结构化问卷，涉及景观知觉、地方感、空间体验、空间行为、迁居意愿等问题。

样本采集：调研地点包括映秀地震纪念馆、北川地震遗址公园、青川东河口地震遗址公园、汉旺地震遗址公园，以及北川、映秀、汶川、汉旺等汶川地震灾区城镇。选取汶川地震幸存者和前往震区的外地游客作为调研对象，采用便利抽样法，经预调研与正式调研两个阶段，实施调研数据采集。

数据处理：IBM SPSS、SPSS Amos 处理结构化问卷数据。ArcGIS 空间分析模块计算平均最邻近指数、核密度指数，绘制纪念性景观的点密度图、核密度图，创建标准差椭圆，并结合 GeoDa 分析纪念性景观的空间自相关特征。

1.5　重点难点与创新

1.5.1　重点难点

第一，与自然景观以及经历较长历史过程形成的人文景观不同，地震纪念性景观的形成是一个在短时期内，具有明确意图的塑造过程。谁主宰这一景观的构建及其意图具有重要作用，需要有所涉及。同时，有必要对震区的文化、政治、经济特征等影响地方感建构的因素予以关注。由此，关键问题在于：地震纪念性景观作用下的灾害记忆图式与地方本性具有什么样的关系？

第二，目前的景观知觉与地方感调查中的一系列问题多为感觉，而非完整的认知。由此，关键问题在于：如何设计新量表测量地震纪念性景观知觉与地方感维度的特征及差异？

第三，当把地震纪念性景观和地方感相互对接的时候，关键在于明确景观知觉对于地方建构的价值与意义。由此，关键问题在于：地震纪念性景观在地方感建构中具有什么样的作用与意义？

1.5.2 创新之处

本书关注灾变下的地方毁灭与重构，特别是地震纪念性景观空间叙事及其叙事空间对灾区地方的影响，相对于已有研究，其学术思想、学术观点、研究方法等方面的特色和创新之处在于：

第一，将景观学与地理学的多元联结视为以意义、理解和主体间性等重要范畴为支撑和指向的关系，将研究视野拓展到空间生产、灾难记忆图式及其与地方性的密切关系上，提出将汶川地震纪念地的黑色旅游活动视为当代中国公民社会一种特殊的纪念形式与活动，理解为新的“纪念传统”（Invention of tradition）的发明，由此步入灾难地理学研究的新视域。

第二，力求体现跨学科研究的特色，具备研究内容的交叉和融合，尝试地理学空间思想的转变，以及与空间现象学等作对接，试图提供一个综合的理论图景。同时，考虑地震纪念性景观对居住环境、社会心理所具有的正反两方面的作用，从汶川地震幸存者（灾区居民）和前往震区的外地游客双重视角设计全新量表，测量景观知觉、地方感等多维度特征，属于原创研究。

第三，反思地震纪念性景观的空间生产和灾区居与游客的关系，积极响应区域协调发展战略，有望为灾后重建区迫在眉睫的空间冲突、地方错置等问题的解决做出新贡献，对理想的灾后地方性空间规划和灾区复兴有一定的探索意义，特别是为社会主义核心价值观融入纪念性景观空间生产，转化为人们的情感认同和行为习惯提供实证依据和决策参考。

第 2 章　汶川地震纪念性景观空间生产

后现代地理学家 Soja（1989）的“第三空间”、马克思主义地理学家 Harvey（1988）的“时空压缩”、西方后结构主义哲学家 Deleuze（1987）的“块茎”结构理论、Bachelard（1957）的空间现象学理论均为认识空间生产提供了重要视角。例如，马克思主义地理学从社会冲突的视角对地方或者说地方性空间加以阐释（Harvey，1988）。Foucault（1995）继承了 Lefebvre（1974）从空间的社会性入手来看待其发展过程及其在当代社会生产中所扮演的角色。就纪念性景观的变迁而言，戴维·洛温塔尔（Lowenthal，1975，2015）认为，“回忆不过是让历史符合记忆的想象罢了。记忆在保存过去的同时，也不断修正自身，以符合现实的需要。因此，我们记住的不仅是事件发生的过程，也让真相在现实的环境下重新演绎”。循此思路，灾难地的纪念性景观面貌传递出了个体以及社会群体对灾难记忆的集体解读，纪念性景观由此成为人类社会与天灾人祸“和解”之后的产物（Foote，2003）。

2008 年 5 月 12 日 14 时 28 分，汶川发生 Ms8.0 级特大地震，数万同胞在灾害中不幸遇难，数百万家庭失去世代生活的家园，数十年辛勤劳动积累的财富毁于一旦（汶川地震灾后恢复重建总体规划，2008）。与经历较长历史过程形成的人文景观不同，地震纪念性景观及其物质空间和情感空间的形成是一个在短时期内，具有明确意图的塑造过程，其叙事主体具有多元性，既有国家主导下的叙事，也有民间视角下的叙事。

本章回溯不同层面、不同形式的纪念活动，特别是围绕在纪念性景观营造、空间生产、灾难记忆等方面的争议，探讨中国社会对汶川地震纪念性景观及其所营造的纪念性空间特别关注的原因，审视地震纪念性景观的命运，解析地震纪念性景观物质空间和情感空间生产过程，特别是灾害记忆的封存、唤起和重构的过程及其本质特征和发展脉络。

2.1 灾后重建中的地震纪念性景观

“公众祭奠”与“立碑纪念”是中国社会对汶川地震之殇最为显著的响应方式。“公众祭奠”（Sanctification）首先涉及祭奠场所的选择。祭奠场所的语义类似于地理学家所使用的“纪念地”（Sacred place）一词，即是从周遭环境中剥离出来，专门用以纪念重要人物、事件或群体的场地。与纪念地相伴而生的是立碑纪念（Designation）或遗址标记，即采用碑刻等地标来标明重大事件的发生地，也可能包括纪念园林、纪念公园等其他永久性纪念建筑。从词源上说，纪念与警示之功能正是拉丁文“Monument”一词的本意（Foote, 2003）。

地震遗址演变成纪念地或纪念性景观，有助于发挥其铭记历史以及警示后人的作用，提醒人们以史为证，以史为鉴。《战国策·赵策一》：“前事之不忘，后事之师。”“5·12”汶川地震发生后，保留必要的地震遗址，建设博物馆及其他纪念地、纪念设施，被纳入《汶川地震灾后恢复重建条例》（国务院令第526号）、《国务院关于做好汶川地震灾后恢复重建工作的指导意见》（国发〔2008〕22号）、《汶川地震灾后恢复重建总体规划》（国发〔2008〕31号）。北川老县城、汶川映秀镇、绵竹汉旺镇东汽厂区、都江堰虹口深溪沟4处典型遗址遗迹作为四大重点建设项目纳入建设规划，即地震遗址博物馆（北川）、汶川地震震中纪念地（汶川）、工业遗址纪念地（汉旺）和地震遗迹纪念地（虹口）。2009年10月22日，四川省人民政府第39次常务会议审议并原则通过《北川、映秀、汉旺、深溪沟地震遗址遗迹保护及博物馆建设项目规划》，同意经费估算为9.36亿元。按照《“5·12”汶川地震遗址、遗迹保护及地震博物馆规划建设方案》，北川国家地震遗址博物馆（北川）与汶川地震震中纪念地（阿坝州）、汉旺地震工业遗址纪念地（绵竹）、虹口地震遗址纪念地（都江堰）共同构成汶川地震遗迹群，成为四大重点地震遗迹保护项目（图2-1）。

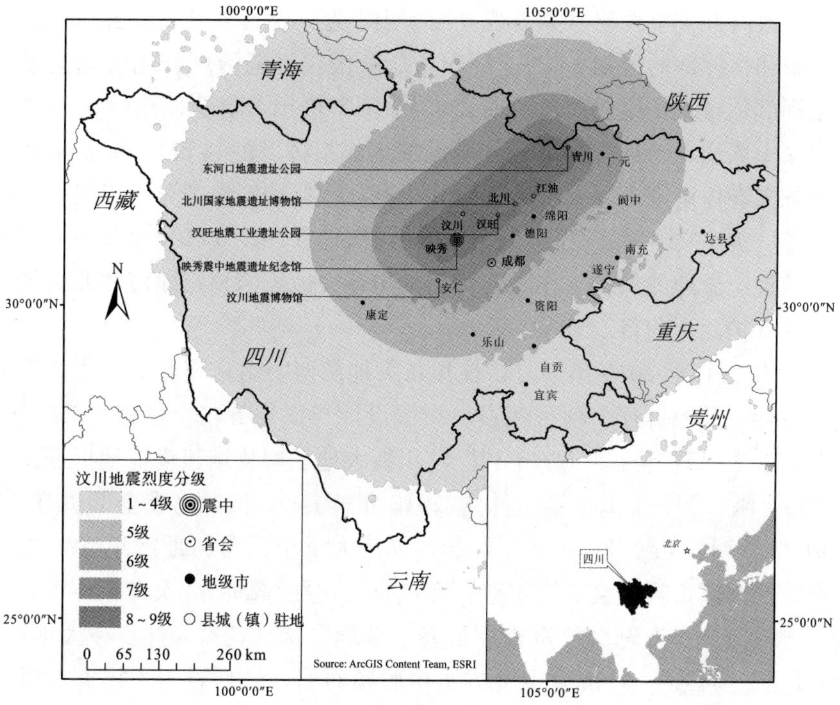

图 2—1　汶川地震纪念遗址分布（唐勇，等，2018）

党和国家领导人多次对汶川地震遗址保护提出明确的指示和要求，中国地震局会同国家文物局等单位成立了地震遗址规划建设协调小组，四川省人民政府组织各职能部门对汶川地震遗址、遗迹保护整理工作展开研究、论证，援助绵阳市灾后重建规划的中国城市规划设计研究院也对北川遗址提出保护设想。早在 2008 年 5 月 22 日，中共中央政治局常委、国务院总理、国务院抗震救灾指挥部总指挥温家宝同志重返北川考察时即提出，将北川老县城作为地震遗址予以保留，修建地震博物馆。温家宝同志对当地干部说：“我们要再造一个新北川。这座老县城可以作为地震遗址保留，变成地震博物馆。”修建地震博物馆的主要意义在于为研究地质构造、预防地质灾害提供科学依据，同时纪念亡灵，警示后人。

在此背景下，北川迅速成立地震遗址保护领导小组，将北川中学、北川县城 2 处地震遗址划入重点保护范围。至 2009 年 12 月，除唐家山堰塞湖泄洪和“9·24”泥石流破坏外，2 处地震遗址基本保持震后原貌。2009 年 6 月，经中共绵阳市委常委第 100 次会议审议通过，决定成立绵阳市唐家山堰塞湖治理暨北川老县城保护工作领导小组和指挥部。同年 6 月，中共绵阳市委办公室、绵阳市人民政府办公室发出《关于成立唐家山堰塞湖治理暨北川老县城保护工作领导小组和指挥部的通知》《关于绵阳市唐家山堰塞湖治理暨北川老县城保护工作指挥部领导班子组成人员的通知》，绵阳市机构委员会发出《关于成立绵阳市唐家山堰塞湖治理暨北川老县城保护工作指挥部的通知》。市委常委、县委书记陈兴春任唐家山堰塞湖治理暨北川老县城保护工作领导小组组长，副市长李亚莲、黄正良、赵琪任副组长，在曲山镇任家坪设立办公地点。北川老县城地震遗址纪念地的保护工作主要包括汶川特大地震博物馆建设和北川老县城地震遗址保护两个项目。

2009 年 2 月至 2013 年 5 月，汶川特大地震博物馆建设经历了由政府主导的规划设计、征地拆迁、项目建设、布展设计与征集等多个过程。2009 年 10 月，北川县人民政府批复《“5·12”汶川特大地震博物馆建设征地拆迁安置方案》（北府函〔2009〕154 号文件）。2010 年 6 月 30 日，完成全部拆迁工作，共征地 35.3×10^4 m^2。2010 年 2 月起，同济大学全面参与地震纪念馆建筑设计工作。经绵阳市规委会 2 次审查，四川省文化厅等部门 3 次专家评审，四川省委、省政府 3 次专题会议审查，最终“裂缝”从“花祭重生”“大地网格”“守望故土”“轨迹”等 36 套设计方案中脱颖而出，其寓意为“将灾难时刻闪电般定格在大地上，留给后人永恒的记忆”。2010 年 12 月 28 日开工建设，2011 年 10 月圆满完成了地震纪念馆土建工程，2011 年 9 月底完成《“5·12”汶川特大地震陈列布展内容大纲》修改稿，征集地震文物资料 13 万件。同年底，还完成了北川老县城地震遗址第一阶段保护工作，涉及道路、拦沙坝、三道拐鸟瞰平台、中央祭祀园、安全围栏、防护网、接待中心、监控系统、支撑加固等基础设施建设。例如，新建三道拐鸟瞰平台和中央祭祀园；擂鼓镇、曲山镇设立接待中心，参观者统一乘车进出北川老县城地震遗址，遗址区使用环保电瓶观光车；北川老县城地震遗址周围安装 5400 m 安全围栏，在纪念通道两旁安装 5230 m 安全护栏，配备标识牌、解说牌等；完成核心区 14 处 15 幢震损建筑的应急支撑加固。2011 年 6 月，北川老县城地震遗址启动国家 4A 级旅游景区申报工作。2013 年 5 月 9 日，“5·12”汶川地震五周年之际，汶川特大地震博物馆面向公众开放。2017 年 1 月，国家发改委、国家旅游局等单位公布了《全国红色旅游经典景区名录》，北川国家地震遗址博物馆入选中国红色旅游经典景区名录。

需要注意的是，在灾后恢复重建的关键时期，不论是国务院还是四川省人民政府所发布的规划、条例等正式文件中要求保留必要的地震遗址，建设充分体现伟大抗震救灾精神的纪念设施的重要目的在于宣扬抗震救灾中激发的伟大民族精神和自强不息重建新家园的感人事迹，并没有明确提出将地震遗址作为旅游资源予以开发利用的指导性意见。但灾后恢复重建中的做法远远超出了对具有典型性、代表性、科学价值和纪念意义的地震遗址保护的初衷，而是逐渐成为地震专题旅游的核心吸引物。四川省统计局发布的《汶川地震灾区灾后重建调查报告——汶川模式》中总结到："映秀镇在东莞市的援助下，打造防震减灾示范区、'5·12'大地震纪念馆等特色旅游。"此处所指的特色旅游是否就是黑色旅游？地震纪念地黑色出现的原因又是什么呢？对此，我们将在下一节中予以讨论。

2.2　地震纪念地的黑色旅游之争

学界通常将地震纪念地的旅游活动界定为"黑色旅游"（Biran，et al，2014；Lennon，Foley，2000；Tang，2018b；Zhang，2013），但中国的实际情况却是将其视为"红色旅游"。究其原因，自然是因为更为强调的是地震专题旅游的爱国主义教育功能。不论是《汶川大地震抗震救灾旅游线要素整合实施意见》（以下简称《实施意见》），还是《汶川地震灾区发展振兴规划（2011—2015 年）》（川府发〔2011〕26 号）、《天地映秀创建 5A 级旅游景区规划》，均使用的是"特色旅游"一词，似乎刻意回避了此类特殊旅游活动的"颜色之争"（Hartmann，2014）。

灾难遗址之所以能够成为纪念地，是因为它们大多见证了一国、一城、一地的某个重要历史时刻（Foote，2003）。2009 年 2 月 10 日，中共中央政治局常委李长春同志专程来到北川县城地震遗址，在"5·12"地震遇难者纪念碑前献花致哀，考察北川新县城建设规划（秦杉，2009）。他指出：

> 地震遗址见证了感天动地的伟大抗震救灾斗争，是开展爱国主义教育的宝贵资源。要把地震遗址和新建县城纳入红色旅游规划，让干部群众特别是青少年受到教育，进一步坚定在中国共产党领导下走中国特色社会主义道路、实现中华民族伟大复兴的信念和信心。

依据李长春同志关于"进一步弘扬伟大的抗震救灾精神"重要指示和中央关于灾区恢复重建三年任务二年完成的指示精神，2009 年 12 月 17 日，四川省旅游局完成了《汶川大地震抗震救灾旅游线要素整合实施意见》编制工作。按照《实施意见》，重点推出了面向四大市场的六大主题抗震救灾旅游线。围绕"见证汶川大震，感悟人间大爱"为主题，"5·12"汶川大地震抗震救灾旅游线路总体走向为2条主环线、2条辅环线、3条延伸线，具体包括："大爱中国"主题旅游线、地震遗址旅游线、中央领导抗震旅游线、灾区新貌旅游线、生命通道旅游线、地震生态探险旅游线。汶川大地震抗震救灾旅游线串起众多地震纪念性景观，如都江堰的"减灾防灾国际学术会议中心"、汶川映秀的"'5·12'地震纪念馆"、北川曲山的"'大爱中国'博物馆"、绵竹汉旺的"地震工业遗址博览园"、什邡穿心店的"地震遗址主题公园"、青川东河口的"'5·12'地震遗址公园"、都江堰虹口的"地震遗址地"等。

《实施意见》可视为省级旅游行业主管部门力推地震专题旅游的重要举措。在此背景下，四川省人民政府、汶川县等灾区县市也积极响应发展地震专题旅游的号召。2011年8月5日，四川省人民政府发布《汶川地震灾区发展振兴规划（2011—2015年）》（川府发〔2011〕26号），指出：实施灾区旅游振兴"新五大行动"，构建灾后恢复重建成果展示等六大主题精品旅游线路。为开创地震灾区发展振兴新局面，建设幸福和谐新家园，四川省人民政府第一次正式地提出将"灾后恢复重建成果展示"作为旅游线路开发的指导性意见（川办发〔2011〕42号）。

不论是"5·12"汶川大地震抗震救灾旅游线，还是灾后恢复重建成果展示相关的主题精品旅游线，均紧扣了"进一步弘扬伟大的抗震救灾精神"之需。四川省旅游局和四川省人民政府在推动地震专题旅游发展的道路上所作的政策引导并未引起太大的争议。相较而言，作为地震极重灾区和地震纪念性景观富集区域的汶川县则将步子迈得更大，超越了旅游线路设计层面较为"务虚"的做法，采用了更为"务实"和"落地"的方式发展地震专题旅游。

2012年2月20日，汶川县编制完成了《天地映秀创建5A级旅游景区规划》，并启动了"汶川映秀'5·12'震中纪念地"争创国家5A级旅游景区的工作（李逢春，2012）。映秀争创国家5A级旅游景区确实有些"惊世骇俗"。映秀是地震遗址还是旅游景区（社论，2012），"消费灾难"会否伤害灾区民众感情（刘贤，2012）？两天后（2012年2月23日），四川省旅游局在接受人民网采访时表示，"汶川映秀争创国家5A级旅游景区"是地方政府行为，但目前四川省旅游局并未接到相关信息（程晓芳，张希，2012）。同日，中新社记者刘贤（2012）在题为《汶川映秀震中纪念地创建5A级景区获当地民众支持》的报道中，带着疑问走访了四川省阿坝州汶川县的映秀镇和水磨镇。面对质疑，汶川县宣传部副部长谢旅霜表示：

> 创5A景区不会收门票，其目的首先是带动老百姓从事第三产业。地震之后，汶川县耕地灭失，县水泥厂、岷江硅业等企业外迁到茂县、金堂

县，老百姓没有耕地，也失去打工机会，“发展旅游是唯一的出路”。创 5A 景区可以进一步提升汶川的旅游接待基础设施，提高服务水平，也可以进一步吸纳当地居民就业。

人们最关心的是此举会否伤害灾区民众的感情。映秀镇居民勾太平在地震中失去了女儿。他表示：打造 5A 景区能够接受，“来的人多了，人家纪念她，这也是一个好事情”，人气旺了对老百姓做生意或者做其他的，只有好处没有坏处。蒋永福在地震中失去了两个亲人。他与当地 20 来户居民联合在映秀镇“5·12”地震纪念地附近新开了一家渔家大院。他说：“如果 5A 级景区打造成功，将给他们带来两方面的‘好处’，一是经济上的收入，二是大家能把灾区民众精神面貌展现给游客，让关心过、帮助过灾区民众的人放心。”

当媒体极力为地震灾区黑色旅游发展带来的诸多经济效益欢呼雀跃之时，有识之士却忧心忡忡。一方面，地方政府主导映秀争创国家 5A 级旅游景区，道德风险很高，无论是当地政府、映秀人，还是有关旅游景区评级机构，显然都需要更加审慎地论证与权衡。反对者认为，这无非是为了搞创收、消费灾难，会伤害灾区人民的感情。这个饱受磨难的地方不应该为地方政绩埋单。另一方面，灾后恢复重建之需，地方利益的博弈等也许是推动地震纪念性景观商业化、旅游化的重要供给侧动因。需求侧方面，公众对于地震灾难事件、灾后恢复重建、地震纪念性景观的窥视和好奇也是不容忽视的重要推手。不难推测，缺乏不同阶层，特别是普通民众、灾区幸存者意见的充分表达与参与，乃至利益相关者长时间的激烈博弈，地震纪念地黑色旅游发展极可能“野蛮生长”，未来仍可能问题众多，矛盾不断，争议不绝（图 2–2）。

图 2–2　映秀汶川大地震震中纪念地（何明富拍摄，2012）

当然，在反思地震纪念地黑色旅游之时，话语方式也不应该被道德洁癖所绑架。实际上，将灾区打造成景区并非个例。北川老县城地震遗址通过了国家旅游局4A级旅游景区评定验收专家组的验收。同样是4A景区的还有广元市青川东河口地震遗址公园、绵竹年画村等。地震纪念地黑色旅游的“是非功过”如果需要在更长的时间尺度上才能看得更清楚，当下的“急功近利”显然比“如履薄冰”更合乎逻辑。

2.3 汶川地震后的灾害记忆图式

中国自古以多灾多难著称，对灾害或灾难自有一套话语体系和独特逻辑（张文，2014；李永祥，2016）。中国古代的灾害神话揭示了跨文化对灾害认知的异同，反映出灾害文化在不同民族文化背景下的演进方式。灾害神话是确立一种因果关系的认知模式，它以传统知识、历史、文化记忆和宇宙观为基础，形成灾害场景的解释逻辑（李永祥，2016）。张文（2014）在《宋人灾害记忆的历史人类学考察》中指出：“宋人对灾害的记忆具有明显的阶层性，士大夫一般将责任归结为上天警示与官吏失范，而民众则将责任归结为上天惩罚与富民失德。这反映出两者对灾害导致的社会紧张与文化创伤采取了不同的宣泄途径，其终极目标也大异其趣，分别指向国家权力重建与地方社会共同体重建。”国家权力和地域社会通过重构记忆的方式消解创伤，重建地域社会的认同，也会利用灾害记忆来达到某种经济和政治的目标。一个地域的灾害记忆的建构和意义化过程，既是一种针对灾害的应对方式，也是这个社会基本文化逻辑的体现（王晓葵，2016）。

中国社会对地震灾害的纪念性活动由来已久。王晓葵（2016）在《“灾后重建”过程的国家权力与地域社会——以灾害记忆为中心》一文中尝试解答国家权力和地域社会的互动关系在灾害记忆的传承或建构方式与过程。他认为，“海原大地震记忆在百年后重新建构中的权力的‘介入’和唐山大地震记忆建构的‘脱权力’化的发展，说明了围绕灾害记忆的传承过程中，地域社会的文化传统与国家权力的相互影响并非此消彼长，或者相互对立这样简单的图式可以概括”。由此，对于中国古代或是当代呈现出二元结构的灾害纪念传统与欧美等西方社会的纪念图式的比较，将是非常有意思的话题。

地域社会的纪念传统即是民间视角下的纪念活动，与国家主导下的纪念活动既有博弈，也有协调与补充。巨大灾难发生后，遗留下来的心理和文化的创伤往往会变成一种文化记忆，沉淀于地域社会的基层（王晓葵，2016）。如果一定要考究民间视角下的纪念活动与国家主导下的纪念活动谁先开展，这似乎是没有意义的问题。不难理解，地震中的幸存者以及遇难者的亲属自然是首先想到在瓦砾之上祭奠逝者的。他们往往采用烧钱纸、燃香烛等饱含了中国传统文化的祭奠方式寄托哀思，超度亡灵，为遇难同胞上香、祈福（图 2-3）。

图 2-3　群众自发前往北川地震遗址为遇难同胞上香、祈福（唐勇拍摄，2009）

按照时间的线索梳理中国社会对汶川地震灾难的纪念过程似乎能够从一个侧面勾勒和映射出公众的灾害记忆图式。2008 年主要是致哀、默哀，并启动《汶川特大地震四川抗震救灾志》编纂工作（四川省地方志工作办公室，2018）。2008 年 5 月 19 日至 21 日为全国哀悼日活动。2008 年 5 月 19 日，四川省安监局、四川煤监局、四川省水利厅等部门全体干部职工为汶川地震遇难者默哀。

在地震灾难发生的第一天，当救灾工作进展开始的时候，也即是 2008 年 5 月 12 日，国务院即发布公告宣布，为表达全国各族人民对四川汶川大地震遇难同胞的深切哀悼，决定 2008 年 5 月 19 日至 21 日为全国哀悼日。公告全文如下：

> 为表达全国各族人民对四川汶川大地震遇难同胞的深切哀悼，国务院决定，2008 年 5 月 19 日至 21 日为全国哀悼日。在此期间，全国和各驻外机构下半旗志哀，停止公共娱乐活动，外交部和我国驻外使领馆设立吊唁簿。5 月 19 日 14 时 28 分起，全国人民默哀 3 分钟，届时汽车、火车、舰船鸣笛，防空警报鸣响。

在此，我们有必要回溯全国哀悼日设立的初衷与过程。中国国务院公布全国哀悼日之前，复旦大学教授、历史地理学家葛剑雄曾于 2008 年 5 月 16 日公开建议，以 5 月 19 日为全国哀悼日，“以表达全国人民对这次地震灾害中的罹难者、在救灾中的牺牲者的哀思，并向全世界昭示中国政府和中国人民对生命的关爱以及亿众一心救灾重建的决心”。在“头七”之日设立哀悼日，首先因为这是我国民间的风俗，先秦时就已开始用这种形式祭奠和纪念逝者。其次是7天过去了，这是一个承上启下的时间，可以腾出一点时间来安抚失去亲人的人们，来凝聚全国的人心，继续留下希望，驱走悲伤的阴影。

2008年5月19日14时28分起，全国人民为四川汶川大地震遇难者默哀3分钟。胡锦涛等领导同志在中南海怀仁堂前肃立默哀3分钟。香港的轮船、火车和非运营状态中的公交车辆同时鸣笛，向四川汶川大地震遇难者致哀，行政长官曾荫权率全体公务员默哀。2008年5月19日，全国大多数网站以灰色风格显示来表达对四川汶川大地震遇难同胞的深切哀悼，一些视频网站在全国哀悼日期间暂停部分娱乐性内容的播放和搜索。5月19日零时至22日零时，全国省级卫视、电视台的台标变白。

2008年5月12日当天，国务院发布公告设立全国哀悼日以及2008年5月19日全国各族人民为四川汶川大地震遇难者默哀3分钟等纪念形式非常及时，既是顺应民意、承接传统之法，也是符合国际惯例的应时应势之为。当时间跨入2009年，地震之殇尚未远离，汶川地震一周年纪念活动是当年的重要主题。例如，以中央电视台为代表的官媒，现场直播了在四川省汶川县映秀镇举行的“四川汶川特大地震一周年”纪念活动。2010年、2011年侧重的是经验总结与成果展示。例如，2010年举办的“特大地震暨巨灾应对的实践与启示——‘5·12’汶川特大地震暨巨灾应对全国研讨会”“‘5·12’汶川特大地震恢复重建暨巨灾应对国际研讨会”，以及2011年5月6日举行的“‘5·12’汶川地震灾后文化文物恢复重建成果展”。上述活动可视为是对汶川地震抗震救灾与恢复重建等应对经验的反思之始。

2012年距离汶川地震之殇过去了3年。此时，灾难的“集体记忆”，特别是“影像记忆”，成为当年的关键词。例如，2012年5月8日，四川省档案馆征集并制作了《汶川大地震》《美好新家园》画册。2012年5月11日，《爱，在四川》微电影公映。2012年4月16日，四川省副省长黄彦蓉出席在伦敦伯爵宫展览中心举行的《汶川大地震》《美好新家园》大型画册英文版全球首发仪式并致辞。正如她在致辞中所言，这两部画册是“让世界人民有机会更深入地了解四川人民曾经历的那场巨大灾难和永远铭记的感恩情怀，希望人们前往四川领略美丽风光与文化魅力，感受灾后四川迅速恢复与加快发展的蓬勃生机”（张宏平，2012）。早在1年前，她还出席了在成都举办的《“外国友人看汶川地震灾后重建”主题采风摄影暨全球巡展活动》（成都市地方志编纂委员会，2013）。

2013年5月12日是“5·12”汶川特大地震的五周年纪念日。自2009年在四川省汶川县映秀镇举行的“四川汶川特大地震一周年”纪念活动，2013 年迎来了第二次的纪念高潮。2013 年 5 月 12 日上午，省委书记、省人大常委会主任王东明，省委副书记、省长魏宏等来到映秀镇漩口中学遗址广场，与各界人士一起参加纪念活动，深切悼念在地震灾害中不幸罹难的同胞和为夺取抗震救灾斗争胜利而英勇献身的烈士。当天，四川省各地干部群众和社会各界人士，也在北川、青川、绵竹等地参加纪念活动（张宏平，2013）。《汶川特大地震四川抗震救灾文献选》于 2013 年 8 月 2 日出版（闻讯，2013）。

2014 年至 2017 年延续了对“灾难记忆”的关注。随着时间的推移，伤痛慢慢消退，抗震救灾的过程成为灾难记忆的重要组成部分，更多的档案记录结集出版。例如《汶川特大地震抗震救灾志》于 2016 年 5 月 13 日出版（汶川特大地震抗震救灾志编纂委员会，2016）。2017 年 5 月 11 日，在“5·12”汶川特大地震发生九周年之际，中国地方志指导小组在成都向四川省人民政府及汶川特大地震受灾的市（州）、县（市、区）政府和地方志机构赠送《汶川特大地震抗震救灾志》，共 167 套 2288 册。《汶川特大地震抗震救灾志》由中国地方志指导小组、国家发改委、国家民政部、国家人社部、国家卫计委、国务院新闻办、中国地震局等部门牵头编纂，编纂工作自 2008 年 11 月启动。该志全景式地展现了中共中央、国务院带领全国各族人民应对特大地震灾害、夺取抗震救灾和灾后重建胜利的历史过程，系统记述了在抗震救灾中积累的成功经验。此外，该志的出版发行对促进和加强防灾减灾救灾工作、丰富和发展地方志编纂具有重要意义。

2018 年迎来汶川特大地震十周年，以关注人类共同命运、携手应对自然灾害为主题的汶川特大地震十周年记忆图片展在欧盟议会举行（韩基韬，2018），标志着汶川地震之殇再次回到公众视野。2018 年 5 月，四川省人民政府组织编纂的《汶川特大地震四川抗震救灾志》，正式由四川人民出版社出版发行。该部志书由四川省地方志工作办公室具体组织实施，数十家省直部门全省上百个单位共同参与，从 2009 年初启动编纂，历时近十年，是四川省历史上首部针对重大事件的专题性志书（四川省地方志工作办公室，2018）。

2.4　本章小结

天灾人祸之后，纪念活动或者纪念物的出现是社会遭受到创伤后的自然反馈。一方面是为了祭奠逝者，另一方面也是社会释放伤痛的重要形式。由于诸多因素掺杂其间，仅有极少数的天灾人祸会导致纪念活动的发生。其中最主要的原因是，灾难事件能否影响某个独立、统一且自我认同感强烈的社会群体，同时该群体将此视为集体之殇，而不仅是个人或家庭之难（Foote，2003）。按此逻辑，汶川地震纪念性景观见证了公民与国家共同体的休戚相关，与抗震救灾和灾后重建相伴相生的是中国社会精神的成长和品格的再造。我们不仅重建了物质家园，也重建了意义深远的精神家园，这呈现了地震灾难对于中国社会发展的特殊价值。

中国社会对汶川地震之殇的响应方式是多样的，既有“公众祭奠”与“立碑纪念”这样积极、正面的方式，也存在遗址利用与记忆湮灭的情形。一方面，记忆湮灭往往与耻辱感相关，这直接导致部分地震遗迹及其相关的伤痛记忆被人为地掩盖，选择性遗忘是可以理解的必然结果；另一方面，汶川地震波及范围极广，除规模较大的地震遗址被长期保留外，数量众多的“大地之痕”由于重要性不足，难以激发人们的纪念欲望。“清扫战场”后被再次投入使用是大多数地震遗址的最后归属。

本章的另一个关注点是地震纪念地的黑色旅游之争。围绕在纪念地黑色旅游活动的伦理之辩既不限于汶川地震的案例（Tang，2018a，2018b），也不囿于新西兰霍克湾地震纪念墓园、日本阪神大地震纪念园、泰国印度洋海啸纪念园等地震纪念地。波兰奥斯维辛集中营、美国盖特斯堡南北战争遗址、南京大屠杀纪念馆等与“人祸”相关的纪念地演变成重要的黑色旅游地的过程也饱受争议。一方面，我们对中国特色地震专题旅游的审视应置于全球视野之下，切勿回避其黑色旅游的本质及其相关的伦理问题，过度地夸大其正面效应可能适得其反，得不偿失；另一方面，伴随着中国传统纪念方式的复兴，民间视角下的纪念活动成为与国家主导下的纪念活动的重要补充。

姑且不论按照时间线索梳理中国社会对汶川地震灾难的纪念过程能否从一个侧面勾勒出灾害记忆图式，此种追寻时间线索的过程甚为有趣，似有找寻纪念活动发生周期律的意味。及至今日，对于汶川地震的纪念出现了三次高潮，分别是2009年（一周年祭）、2013年（五周年祭）、2018年（十周年祭）。展望未来，汶川地震对于中国社会发展的特殊价值与全球意义不会就此消退，而是需要更长的时间才能对这些笼罩在地震灾难阴霾之下的地方做出判定。汶川地震十五周年、二十周年、五十周年、一百周年……仍有可能出现新的纪念高潮。彼时，地震纪念性景观的符号与象征体系将帮助人们实现跨越时空阻隔的交流。

第3章　汶川地震纪念性景观系统

汶川大地震在留下惨痛记忆的同时，也造就了类型多样、数量众多、极具震撼力和旅游开发价值的地震纪念性景观（唐勇，等，2010；唐勇，等，2011）。灾后恢复重建的关键时期，《汶川地震灾后恢复重建总体规划》（国发〔2008〕31号）、《国务院关于做好汶川地震灾后恢复重建工作的指导意见》（国发〔2008〕22号）提出保留必要的地震遗址，建设充分体现伟大抗震救灾精神的纪念设施的指导性意见。2008年9月16日，《“5·12”汶川地震遗址、遗迹保护及地震博物馆规划建设方案》正式通过中国地震局、国家文物局专家委员会的评审，确定绵竹汉旺镇东汽厂区与北川老县城、汶川映秀镇、都江堰虹口深溪沟4个地点为整体保护的四川省境内国家级地震遗址。2009年8月，四川省人民政府第39次常务会审议通过《北川、映秀、汉旺、深溪沟地震遗址遗迹保护及博物馆建设项目规划》（四川省人民政府文件，2009）。

地震纪念性景观是近期人文地理学所提倡的研究方向（Foote，2003；钱莉莉，等，2015）。现有研究主要从景观建筑学的角度展开（李开然，2005；杨至德，2014；段禹农，等，2016）。例如，《纪念性景观导论》《四川地震灾区环境景观成果研究》介绍了地震纪念性景观的诸多案例，特别是解决了汶川大地震震中纪念馆、北川地震纪念馆等案例的空间场景、情节设计问题（吴长福，张尚武，汤朔宁，2010；李开然，2005；段禹农，等，2016；郑少鹏，何镜堂，郭卫宏，2013）。然而，景观建筑学依照人物、事件、陵墓等不同主题对地震纪念性景观予以划分的方案过于粗略，缺乏对地震纪念性景观分型问题的深入探讨。相较而言，地震遗迹景观（Seismic landscape）、地震遗迹旅游资源（Earthquake vestige landscapes for tourism）等相关分类方案由于缺乏对景观的纪念性特征的关注，尚不能完全解决地震纪念性景观的类型划分与分类统计问题（卢云亭，侯爱兰，1989；唐勇，2012；唐勇，等，2010；唐勇，等，2011；姜建军，2006；许林，孙祖桐，2000；阚兴龙，等，2008）。由此，对于地震纪念性景观的类型学研究显得尤为必要。

综上所述，选取汶川地震灾区场域典型的349处地震纪念性景观，通过地方考察、科学计量等方式，重新审视地震纪念性景观的主要类型及赋存现状与特征是具有重大历史意义与现实价值的命题。

3.1 类型划分

以空间尺度为一级分类指标，将汶川地震纪念性景观划分为宏观、中观与微观3种类型，并以景观类型为二级指标，将其细分为地震纪念地、地震遗址公园、地震遗址、纪念场馆、纪念园、纪念广场、遇难者公墓、地名景观、纪念碑石、纪念雕塑、纪念墙等11种亚类，这既包括为纪念汶川地震而保留的地震遗址，也涵盖了充分体现伟大抗震救灾精神的各种纪念设施（表3−1）。

表3−1　汶川地震纪念性景观分类与统计

空间尺度	景观类型	典型景观	数量统计	占比（%）
宏观尺度	地震纪念地	映秀震中纪念地，绵竹市汉旺镇地震工业遗址纪念地，北川老县城地震遗址纪念地等	6	2
	地震遗址公园	青川县红光乡东河口地震遗址公园，彭州市白鹿镇白鹿中学地震遗址公园，彭州龙门山地震遗址公园等	4	1
	地震遗址	彭州小鱼洞大桥遗址，北川老县城地震遗址，唐家山堰塞湖遗址，震源牛眠沟遗址等	61	17
中观尺度	纪念场馆	曲山镇汶川特大地震纪念馆，映秀镇汶川特大地震震中纪念馆，青川地震博物馆等	37	11
	纪念园	汶川县映秀镇漩口中学地震遗址纪念园，北川新县城抗震纪念园，映秀镇漩口中学地震纪念园等	5	1
	纪念广场	汶川县原阿坝师专钟楼地震遗址广场，北川县擂鼓镇八一中学入口广场，映秀镇希望广场等	28	8
	遇难者公墓	映秀镇渔子溪“5·12”汶川大地震遇难者公墓，洛水镇“5·12”地震灾害公墓，北川老县城遇难者公墓等	6	2
微观尺度	地名景观	新北川县城山东大道，新北川县城辽宁大道，都江堰市蒲虹公路，什邡镇京什旅游文化特色街等	67	19
	纪念碑石	什邡市抗震救灾纪念碑，映秀镇漩口中学“汶川时刻”纪念碑，映秀震中天崩石等	109	31
	纪念雕塑	都江堰市七一聚源中学主题雕塑，映秀镇漩口中学“汶川时刻”纪念雕塑，汉旺“大爱永生”雕塑等	22	6
	纪念墙	什邡市“5·12”地震诗歌墙，映秀镇漩口中学“5·12”汶川特大地震记事浮雕墙，青川县东河口祭祀纪念墙等	4	1

宏观尺度的地震纪念性景观包括地震纪念地、地震遗址公园、地震遗址3

个亚类、71景观元，占全部地震纪念性景观的20%。其中，纳入统计范围的地震遗址数量最多，共61处，占17%。例如，彭州小鱼洞大桥遗址、北川老县城地震遗址、唐家山堰塞湖遗址、曲山镇沙坝村沙坝地震断层、震源牛眠沟遗址、中滩堡地震遗址、百花大桥遗址、映秀镇“5·12”地震停机坪、映秀小学遗址、漩口中学遗址等。典型地震纪念地共6处，占2%。例如，映秀震中纪念地、绵竹市汉旺镇地震工业遗址纪念地、虹口深溪沟地震遗迹纪念地、北川老县城地震遗址纪念地、什邡穿心店地震遗址纪念地等。典型地震遗址公园包括青川县红光乡东河口地震遗址公园、彭州市白鹿镇白鹿中学地震遗址公园、彭州龙门山地震遗址公园等4处，仅占1%。

中观尺度的地震纪念性景观包括纪念场馆、纪念园、纪念广场、遇难者公墓4个亚类、76景观元，占22%。纪念场馆共37处，占11%，包括映秀镇汶川特大地震震中纪念馆、青川地震博物馆、绵竹市抗震救灾·灾后重建纪念馆、北川老县城“5·12”汶川特大地震纪念馆、北川新县城幸福馆等。纪念广场包括映秀震源广场、映秀镇希望广场、青川县东河口爱心广场、汉旺地震纪念广场等，共28处，占8%。纪念园共5处，占1%，包括汶川县映秀镇漩口中学地震遗址纪念园、北川新县城抗震纪念园、四川·什邡地震遗址纪念园等。遇难者公墓包括映秀镇渔子溪“5·12”汶川大地震遇难者公墓、汉旺青龙村地震遇难者集体公墓、北川老县城遇难者公墓、汉旺镇“5·12”遇难者公墓等，共6处，占2%。

微观尺度的地震纪念性景观包括地名景观、纪念碑石、纪念雕塑、纪念墙4个亚类、202景观元，占57%。地名景观包括映秀镇东莞大道、什邡镇京什旅游文化特色街、都江堰市蒲虹公路、新北川县城山东大道等，共67处，占19%。纪念碑石包括映秀镇漩口中学“汶川时刻”纪念碑、青川县东河口“大爱崛起”纪念碑、青川县东河口“震难天塚”纪念石碑、邱光华机组失事点纪念石碑等，共109处，占31%。纪念雕塑包括汉旺“大爱永生”雕塑、映秀镇漩口中学“汶川时刻”纪念雕塑、青川县“独臂擎砖”雕塑、成都烈士陵园邱光华机组雕像等，共22处，占6%。纪念墙包括映秀镇漩口中学“5·12”汶川特大地震计事浮雕墙、青川县东河口祭祀纪念墙等，共4处，占1%。

3.2 宏观尺度

3.2.1 地震纪念地

3.2.1.1 汶川大地震震中纪念地

汶川县映秀镇是汶川地震的震中所在地，在地震中几乎被夷为平地（阿坝州地方志办公室，2013）。震后，映秀镇既是《汶川地震灾后恢复重建城镇体系专项规划》确定的恢复重建重点镇（邱建，2009），也是《汶川地震灾后恢复重建总体规划》（国发〔2008〕31号）要求重点保护和建设的地震遗址。《汶川映秀镇地震纪念体系规划》以“大地的纪念”为题，以纪念体系梳理城市公共空间，使其城市公共空间大多具备纪念属性（何正强，等，2010；何镜堂，郑少鹏，郭卫宏，2012；刘利雄，2015）。

汶川大地震震中纪念地作为汶川地震纪念体系的重要节点，包含纪念馆、纪念广场、纪念陵园三大部分，是展示地震灾害、抢险救灾、灾后重建等内容的教育场所和缅怀、感恩、寄托哀思、宣泄情绪的纪念场所（四川省住房和城乡建设厅，2013）。纪念地“基地”位于震源广场、中滩堡地震遗址、漩口中学遗址这三个重要纪念节点的几何中心。这里高于城镇中心50～60 m，是映秀镇多处重要公共空间的视角焦点，也是俯瞰整个城镇的重要视点（何镜堂，等，2012）。其他典型地震纪念性景观还包括震源牛眠沟遗址、中滩堡地震遗址（桤木林地面断层）等11处典型地震遗址，映秀镇“爱立方”中国大爱展示地、映秀镇汶川特大地震震中纪念馆等5处地震场馆，汶川县映秀镇漩口中学地震遗址纪念园等2处纪念园，映秀镇希望广场、映秀震源广场等3处纪念广场，映秀镇渔子溪“5·12”汶川大地震遇难者公墓、汶川特大地震邱光华机组墓地2处墓地，映秀镇漩口中学“汶川时刻”纪念碑、映秀牛圈沟汶川地震震中纪念碑、邱光华机组失事点纪念石碑等19处纪念碑石，映秀镇漩口中学“汶川时刻”等2处纪念雕塑（图3－1）。

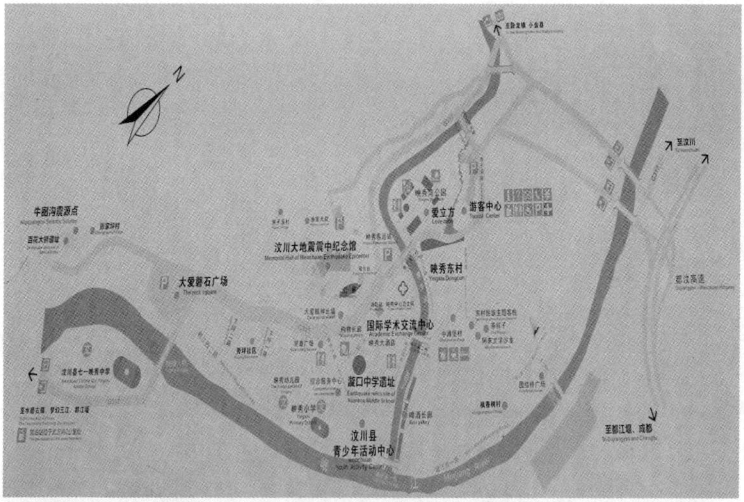

图 3−1　**映秀汶川大地震震中纪念地全景图**（**唐勇拍摄**，2016）

汶川县在“5·12”汶川特大地震灾后恢复重建中，坚持“旅游统筹，全域景区，一三互动，接二连三”的旅游发展思路，将汶川大地震震中纪念地打造为“天地映秀”景区。该景区与梦幻三江、天地映秀、水磨古镇共同构成了汶川特别旅游区，2013 年被评为国家 5A 级旅游景区。

3.2.1.2　北川国家地震遗址博物馆

根据《“5·12”汶川地震遗址、遗迹保护及地震博物馆规划建设方案》，北川因其在地震中受到的破坏最严重，地震和地震次生灾害特征最齐全，抗震救灾事迹集中，在地震遗址遗迹群中处于中心地位（吴长福，等，2010）。北川国家地震遗址博物馆总体定位为一个人类历经特大地震灾难的纪念性遗址地，是由地震纪念馆、县城地震遗址和次生灾害展示区组成的综合性功能体，也是“5·12”汶川大地震后的四大地震遗址保护建设项目之一（吴长福，等，2009）。按照《北川国家地震遗址博物馆策划与整体方案设计》，规划范围分为三个空间层次，分别为核心区（主体功能区）、控制区（环境保护与生态修复区）和协调区（环境控制与发展协调区），总体规划控制范围为 2712.63 hm^2。其中，核心区属于遗址博物馆项目主体功能范围，包括“5·12”汶川特大地震纪念馆及综合服务区、北川老县城遗址保护区、次生灾害展示与自然恢复区（唐家山堰塞湖）（图 3−2，图 3−3，图 3−4，图 3−5）。

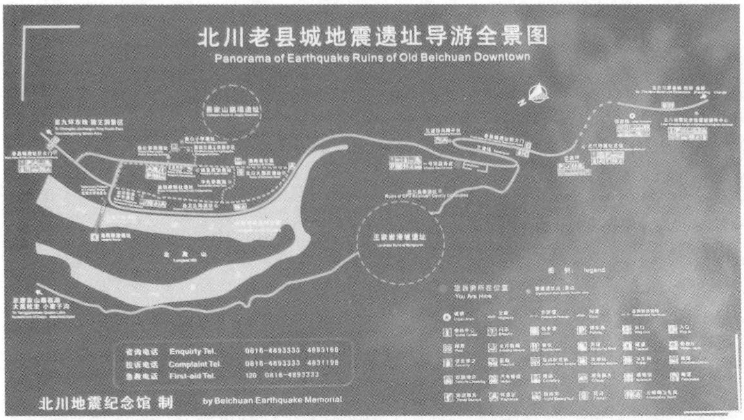

图 3—2 **北川老县城地震遗址全景图（唐勇拍摄，**2012）

图 3—3 **北川老县城地震遗址保护区鸟瞰（张雪娟拍摄，**2010）

北川老县城遗址保护区以“永恒的家园”为主题，是全球唯一整体原址原貌保护、规模最宏大、破坏类型最全面、次生灾害最典型的地震遗址区（王金伟，张赛茵，2016）；任家坪地区以“永恒的纪念”为主题，集中布置纪念馆、展示设施和集中的纪念场所，作为开展抗震纪念、体验、防灾教育和科学研究的基地；唐家山堰塞湖周边作为次生灾害展示与自然恢复区，以“永恒的自然”为主题，展现生生不息中人与自然的关系（吴长福，等，2010）。2011 年 6 月，北川老县城地震遗址启动申报国家 4A 级旅游景区工作（北川羌族自治县人民政府，2016）。

图 3—4　北川老县城地震遗址实景图（唐勇拍摄，2012）

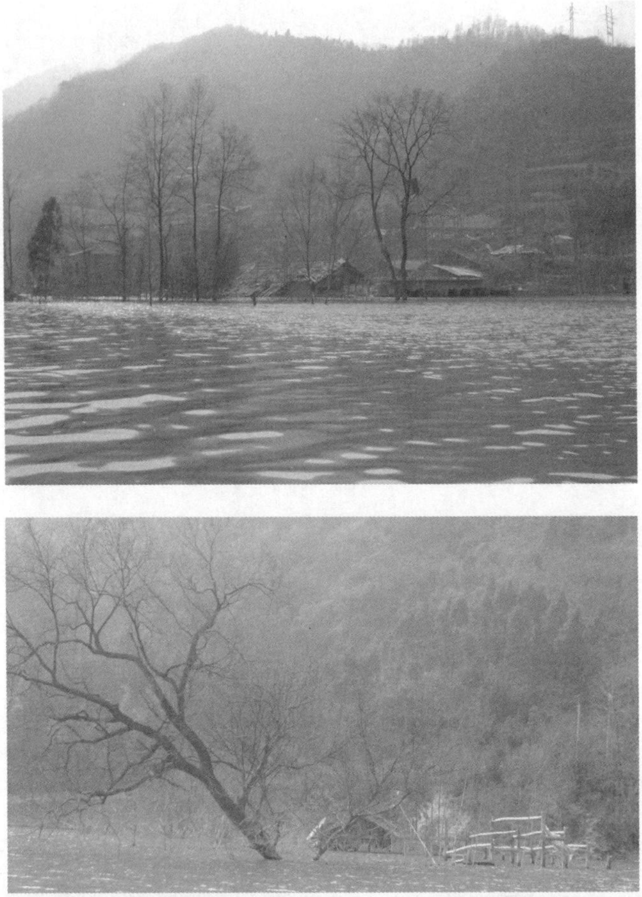

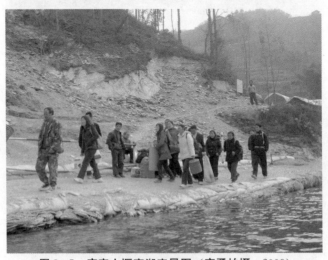

图 3—5　唐家山堰塞湖实景图（唐勇拍摄，2009）

3.2.1.3　汉旺地震遗址公园

绵竹市汉旺镇地震工业遗址纪念地（绵竹市汉旺地震遗址公园）是全国爱国主义示范基地、四川省爱国主义教育基地、四川省国防教育基地，也是四川省防震减灾科普教育基地。汶川大地震发生后，绵竹市规划和建设局与西安建筑科技大学专家团，共同起草了“关于建立‘5·12’大地震汉旺遗址保护地的紧急报告”。随后，西安建筑科技大学完成了汉旺地震遗址保护地概念性规划设计（周庆华，等，2010）。遗址公园于2011年6月建成，2013年10月通过德阳市防震减灾科普教育基地验收，是一个集地震遗址、科普宣传、应急演练于一体的综合性教育基地。根据绵竹市与东汽签订的“关于汉旺工业地震遗址开放协议”，汉旺地震遗址东汽厂区第一批参观遗址于2014年8月1日正式对外开放（王冰，2014）（图3-6，图3-7）。

汉旺老县城曾是国有大型企业东方汽轮机厂的所在地，因此该处遗址具有工业遗产和地震遗址的双重价值，是一处典型的工业地震遗址纪念地，包括绵竹市抗震救灾和灾后重建纪念馆、工业遗址纪念中心数字馆、东汽厂遗址区、汉旺场镇遗址区和接待中心五大区域，以及数字化展示平台、减灾应急救援训练中心、远程多功能培训中心、纪念墙与感恩墙雕塑群等四大主题展区，总面积为1.72 km^2（王冰，2014）。遗址区内有钟楼、神武汉王石刻塑像、汉旺镇老政府、官宋硼水利枢纽、遇难者公墓和西山坡断裂带等地震纪念性景观点。其中，汉旺广场钟楼指针永久定格在14:28的特殊位置，是“5·12”汶川大地震最有纪念意义的受灾建筑之一。绵竹市抗震救灾和灾后重建纪念馆坐落在东汽厂区外，与东汽厂正门、汉旺钟楼隔街相望，形成三角平衡之势，建筑面积为500 m^2（廖兴友，2009）。矗立在中心前广场上的雕像“大爱永生”由一只成人的大手和一只幼嫩的小手构成，以救助、牵手的形式，诠释了爱与奉献的主题。

图 3—6 汉旺地震遗址公园（唐勇拍摄，2016）

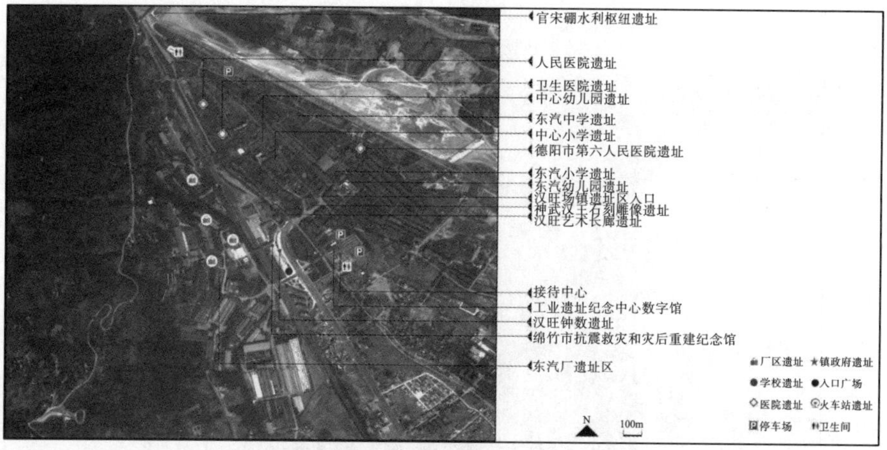

图 3－7　汉旺地震遗址公园全景图

3.2.1.4　都江堰虹口深溪沟地震遗迹纪念地

虹口深溪沟地震遗迹纪念地侧重保护和展示“5·12”汶川地震所形成的大规模地表断裂、地震断层、泥石流现象，为地球物理、地质科学、建筑工程等领域提供珍贵的科研价值，是党中央、国务院批准建设的“5·12”汶川地震遗址遗迹保护地“一馆三地”的主要项目之一（宇岩，等，2017；李传友，等，2008；李碧雄，邓建辉，2011；郭晓军，等，2012）。虹口乡在 2009 年启动了深溪沟地震遗迹纪念地保护开发工作，2010 年“8·13”特大山洪、“8·19”泥石流相继袭击虹口，2011 年 3 月 10 日再次启动遗迹纪念地建设，2011 年底纪念地建设全面完工，2010 年被中宣部命名为第四批国家级爱国主义教育基地，用地规模约为0.367 km^2，建筑面积为 1250 m^2（都江堰市地方志办公室，2013）（图 3－8）。

图 3－8　都江堰虹口深溪沟地震遗迹纪念地（唐勇拍摄，2019）

3.2.2　地震遗址公园

3.2.2.1　青川县红光乡东河口地震遗址公园

东河口地震遗址公园位于四川省广元市青川县西南部，既是汶川大地震后第一个开园的以地震遗址为主题的地质公园，也是汶川大地震中地质破坏形态最丰富、地震堰塞湖数量最多最为集中的地球应力爆发形成的地震遗址群，还是四川省第一个集中展示“5·12”汶川地震造成的崩塌、地裂、隆起、断层、褶皱、滑坡、碎屑流等多种地质破坏形成的地震遗址公园（孙萍，等，2009；曾秀梅，谢小平，陈园园，2010；齐超，等，2012）。该地震遗址公园包括从关庄镇沿青竹江经红光乡东河口、石板沟至前进乡黑家，沿红石河经红光乡东河口、石坝乡董家至马公乡窝前，呈 Y 形布局，集中连片近50 km^2（图 3－9，图 3－10）。

地震遗址公园规划设计以“纪念、感恩、发展”为主题，包括滑坡、串珠状分布的堰塞湖、地热、民居遗址、纪念碑、遇难同胞纪念墙、地震遗址广场、东河口堰塞湖、祭祀台、王阳坪观景台、东河口大桥遗址、红石河等地震纪念性景观（曾秀梅，等，2010）。地震遗址广场上庄严地肃立着三块飞来巨石组成了一个“川”字，代表“四川”地震灾区，三块巨石以分别以2.28 m和5.12 m的间距排列着，寓意着大地震发生的时间，同时也让人们联想到汶川、北川以及青川这三个牵动着四川人民的心的极重灾区。巨大山体爆发堆积阻塞河道而形成的东河口堰塞湖是汶川地震的第二大堰塞湖，仅次于唐家山堰塞湖。

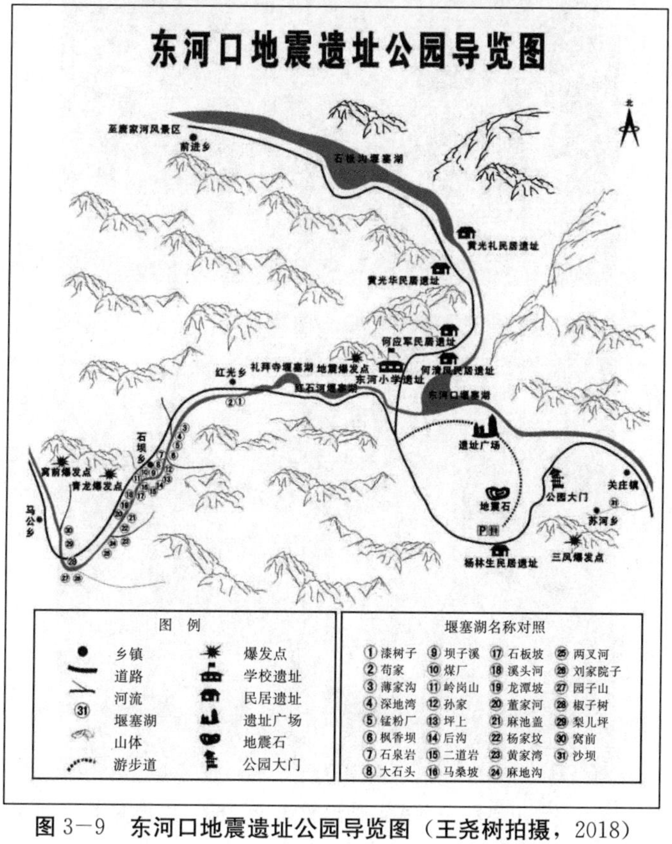

图 3-9　东河口地震遗址公园导览图（王尧树拍摄，2018）

图 3—10　青川县红光乡东河口地震遗址公园（唐勇拍摄，2009）

3.2.2.2　什邡穿心店地震遗址纪念园

穿心店地震遗址纪念园位于四川省什邡市蓥华镇仁和村（穿心店），建在原四川省宏达股份有限公司穿心店生产区和四川蓥峰实业有限公司生产区废墟上，是地震科普研究、救援、缅怀纪念的重要场所，也是我国目前保存最为完整的工业地震遗址，入选四川省爱国主义教育和科普基地（图 3-11）。

穿心店地震遗址纪念园占地 1.5 km^2，是什邡“5・12”地震遗址主题公园的主园区。根据 2009 年 5 月 2 日什邡市政府《关于同意中国・什邡“5・12”地震遗址主题公园总体规划的批复》，地震遗址主题公园面积为 7.72 km^2，采取“一带两片”布局，包括穿心店地震受损建筑物加固工程、地震遗址规划区废墟清理工程、地震遗址保护区基础设施兴建工程、新建抗震救灾纪念广场工程等 6 大重点建设项目（什邡市地方志编纂委员会，2014）。纪念园于 2009 年 10 月动工，2011 年 5 月竣工，包括抗震救灾广场（含“5・12”地震纪念诗歌墙）、地震遗址区等部分。地震遗址区经选择加固保护，保留了干燥塔、萃取厂房、中控分析楼、磷铵办公楼、硫酸分厂、氨站、复合肥分厂、动力分厂办公楼、修造分厂、质量检测中心、职工宿舍楼、总厂办公楼等 40 余处地震纪念性景观。

图 3-11　什邡穿心店地震遗址纪念园（唐勇拍摄，2019）

3.2.2.3　彭州小鱼洞地震遗址公园

彭州小鱼洞地震遗址公园位于小鱼洞坍塌的旧桥和新桥之间的三角地带及旧桥南侧地块，是福建省对口援建项目中唯一的园林景观项目，西临湔江，西北侧是拟打造的鱼凫古街。遗址公园分科普教育区、休闲游览区、综合服务区、核心观赏区（汶川特大地震彭州抗震救灾志编纂委员会，2014）。彭州小鱼洞地震遗址公园项目的场地以地震的地面表象纹理——“裂痕”为设计主题，表达对这一自然现象的敬畏。原小鱼洞大桥始横跨湔江，建于 1998 年，于 1999 年竣工通车，总长 187 m。在 2008 年汶川特大地震中，由于地处断裂带，小鱼洞大桥彭州侧两跨完全垮塌，形成了一个 W 形，而白水河侧两跨并没有发生垮塌，大桥两边的引道完全变形（祝兵，崔圣爱，喻明秋，2010），成为彭州市四大地震遗址之一（小鱼洞断桥遗址、白鹿中学地震遗址、中法桥龙门山断桥、白鹿上书院天主教教堂遗址）。遗址入口处肃立着巨大的蓝色“5・12”形象雕塑，醒目地标识着大地震发生的时间（图 3－12）。

图 3－12　彭州小鱼洞地震遗址公园（唐勇拍摄，2019）

3.2.3 地震遗址

3.2.3.1 震源牛圈沟遗址

牛圈沟（牛眠沟）遗址是“5·12”汶川地震的宏观震中（震源点），位于汶川县映秀镇何家山牛圈沟蔡家杠村附近的一个叫“莲花芯”的山顶。地震瞬间诱发的大规模崩塌、滑坡将牛圈沟完全填平，充分显示了地震瞬间在此产生的巨大破坏能量（乔建平，等，2013）。汶川地震后，牛眠沟流域前后发生了7次大规模的泥石流灾害，尤以2010年8月14日的泥石流灾害最为严重，毁坏大量建筑物和农田，造成大量人员伤亡。牛眠沟滑坡的滑坡源区长300～400 m，宽300～400 m，厚约100 m，总体积约为7.5×10^6 m^3。这次地震诱发的牛眠沟滑坡由于受到强烈的地震作用力而失稳，大量的滑坡体携带巨大的能量在莲花心沟和牛眠沟中运动了约3 km（畅秀俊，张恒亮，贾欣丽，2013）。

3.2.3.2 唐家山堰塞湖遗址

唐家山堰塞湖位于北川县东南部，距离曲山镇上游约4 km。汶川大地震造成唐家山大量山体崩塌，两处相邻的巨大滑坡体夹杂巨石、泥土冲向湔江河道，形成巨大的堰塞湖（图3－13）。堰塞坝体长803 m，宽611 m，高82.65～124.4 m，方量约2.0×10^7 m^3，上下游水位差约60 m。2008年6月6日，唐家山堰塞湖储水量达超过2.2×10^8 m^3，6月10日1时30分达到最高水位743.1 m，最大库容3.2×10^8 m^3，极可能崩塌引发下游出现洪灾，为汶川大地震形成的34处堰塞湖中堰塞体最高、蓄水量最大、危险最严重的一座（刘建军，段玉忠，2008）。

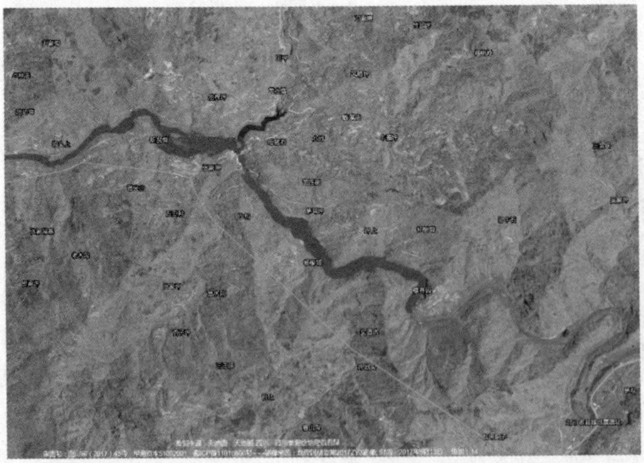

图3－13 唐家山堰塞湖与北川老县城遗址位置关系图（图片来源：四川省测绘地理信息局）

3.2.3.3　白鹿中学地震遗址

白鹿中学地震遗址位于四川省彭州市白鹿镇原彭州市白鹿九年制学校（白鹿中学）。彭县—灌县断裂表破裂带从白鹿中学两栋相距约 20 m 的教学楼（勤学楼与求知楼）之间穿过，地震后两栋教学楼之间的水泥地面被挤压成一个走向 NE30°、长约 150 m 的地震陡坎（李勇，等，2009；陈浩，等，2009）。教学楼整体被整体抬高了近 3 m，却没有倒塌的痕迹，被誉为“最牛教学楼”。教学楼前是一座“天心”群雕的主雕像，雕像是一位老师怀抱着几个学生，似乎是在安抚他们，让他们忘记大地震的伤痛。“天心”群雕由四川美术学院和西安美术学院设计，以原白鹿九年制义务学校师生为原型设计，由主雕“天心”和群雕“地震逃生”组成，真实地记录着地震时全校师生安全撤离教学楼的场景（图 3-14）。

图 3—14　白鹿中学地震遗址（唐勇拍摄，2018）

3.3　中观尺度

3.3.1　纪念场馆

3.3.1.1　汶川特大地震纪念馆

汶川特大地震纪念馆是四川省灾后精神家园重建“一馆三地”（“5·12”汶川特大地震纪念馆、映秀震中纪念地、汉旺地震工业遗址纪念地、虹口深溪沟地震遗迹纪念地）的龙头项目，也是 2008 年汶川地震后修建的唯一的国家纪念馆（蔡永洁，2016）。2018 年 9 月，经中国博物馆协会决定同意“5·12”汶川特大地震纪念馆为国家三级博物馆。纪念馆选址曲山镇任家坪，建于原北川中学遗址上方，由上海同济大学建筑设计研究院设计，占地14.23×10^4 m^2，包括主馆（地震纪念馆）、副馆（地震科普体验馆）。主体建筑形似一道大地被震碎的裂痕，名为“裂隙”，寓意“将灾难时刻闪电般定格在大地之间，留给后人永恒的记忆”。主馆陈展面积 10748 m^2，总展线1900 m，主题陈展《山川永纪》分为序厅，旷世巨灾、破坏惨重，万众一心、抗震救灾，科学重建、创造奇迹，伟大精神、时代丰碑和尾厅 6 个部分（李晓东，危兆盖，2013），于 2013 年 5 月 9 日面向社会公众免费开放。副馆（科普体验馆）以“感受地震、传播知识、关爱生命”为主题，陈展面积 1560 m^2，总展线 512 m，分为时空隧道、灾难现场、解密地震、穿越地震断裂带、震前防御、避险与救援六个展区，于 2013 年 10 月面向社会公众开放（图 3—15）。

图 3—15　“5·12”汶川特大地震纪念馆外景（Ken Foote 拍摄，2014）

3.3.1.2　汶川特大地震震中纪念馆

“5·12”汶川特大地震震中纪念馆位于汶川县映秀镇渔子溪村的半山腰，由中国工程院何镜堂院士主持设计，纪念馆为钢筋混凝土框架和钢结构构成，用地面积为8800 m^2，包括地下一层和地上一层，建筑面积为4800 m^2。纪念馆于 2009 年 12 月动工建设，2012 年 5 月 12 日正式对外开放，布展面积为 4000 m^2。纪念馆由序厅、特大地震破坏惨烈展区、众志成城抗震救灾展区、自力更生科学重建展区、科学应对防震减灾展区五个部分组成。展厅以抗震救灾和灾后恢复重建为主线，以弘扬抗震救灾精神和展现灾后恢复重建成果为核心，以展现“中国共产党的坚强领导和中国人民的强大力量，充分彰显社会主义制度的无比优越性”为主旨（图 3−16）。

图 3－16　汶川特大地震震中纪念馆（唐勇拍摄，2016）

3.3.1.3　汶川博物馆

汶川博物馆位于四川省汶川县威州镇较场街，地处威州镇中轴线上，用地面积为 7950 m^2，建筑面积为 8633 m^2，建筑总高度为 23.3 m，是一座集历史、艺术、民俗于一体的综合性博物馆（汶川县史志编纂委员会办公室，2013）。该座博物馆由中国工程院何镜堂院士设计，呈现 L 形布置，分为陈列厅、藏品库等 5 大功能区。博物馆共有三层：一层是汶川地震图片展，二层是羌族历史文化展，三层是广东对口援建汶川成果展。序厅的大型片岩背景墙配合青石板地面塑造出具有震撼力的空间，表达了汶川因“5·12”大地震而被世界关注的特殊性（李玥，王文威，2010）。

3.3.1.4　青川地震博物馆

青川地震博物馆（四川青川地震遗迹国家地质公园博物馆）位于四川省广元市青川县关庄镇，是汶川大地震后首个综合性地震博物馆（图 3－17）。该馆于汶川地震三周年之际正式面向公众免费开放。青川地震博物馆是铭记“5·12”汶川特大地震灾难、再现波澜壮阔的抗震救灾历程、弘扬伟大的抗震救灾精神、展示灾后重建成果、感恩全国人民无疆大爱的重要场所，由浙江华汇工程设计集团有限公司设计，建筑面积为 5697 m^2。其外形酷似地震后支离破碎的堆积体，展示出“生命的力量屹立不倒”的主题。展示空间上突出“灾难、重生、希望”的主题，包括序厅、冥想厅、人文展厅、科普展厅、4D 影院厅、尾厅 8 个大型展厅（胡兴华，徐一鸣，2011；杭州市支援青川县灾后恢复重建工作办公室，杭州市人民政府地方志办公室，2011）。

图 3−17　青川地震博物馆（王尧树拍摄，2018）

3.3.1.5　“5·12”抗震救灾纪念馆

“5·12”抗震救灾纪念馆位于大邑安仁古镇建川博物馆聚落，是大地震后最早收藏并陈列抗震救灾主题的博物馆（图 3−18）。2018 年 6 月 12 日，用结构完工的镜鉴馆库房和部分商铺空间举办了以日记的形式陈列地震发生后一个月内的相关实物和事件、人物的“震撼日记”主题展，取得了巨大社会反响（李兴钢，等，2010）。自此，文革镜鉴博物馆的部分展示空间改造成为永久性的汶川地震纪念馆，以全面记叙抗震救灾历程为主线，弘扬伟大抗震救灾精神为主题，下设抗震救灾主题美术作品馆、地震科普知识馆、震撼 5·12—6·12 日记馆。

图 3—18　“5·12”抗震救灾纪念馆（安仁）（王尧树拍摄，2019）

3.3.2　纪念园

3.3.2.1　北川羌族自治州抗震纪念园

北川羌族自治州抗震纪念园（北川公园）坐落于北川新县城的中央景观轴上，东临羌族风情街，西段为民俗博物馆（图 3－19）。纪念园东西长约 400 m，南北宽约 160 m，面积约 5.11 hm^2，由“静思园”“英雄园”和“幸福园”组成。“静思园”情绪深沉，体现对灾害的反思与对自然的敬畏；“英雄园”情绪振作，体现对抗震精神的弘扬与歌颂；“幸福园”情绪快乐，体现对幸福生活的憧憬与展示。整个抗震纪念园给人一种“走出过去，面向未来”“从悲壮走向豪迈”的历程体验。展览馆位于幸福园西北侧，是幸福园的主体建筑，是记录和传播北川人民抗震救灾、重建家园乐观精神的重要载体，同时也是市民交流、沟通、休闲的场所。纪念园是一个开放区域，中心有水滴广场、感恩桥和纪念碑。纪念园中心名为“新生”的纪念雕塑刻有人物浮雕和“任何困难都难不倒英雄的中国人民”几个大字（庄惟敏，等，2015）。

图 3－19　**北川羌族自治州抗震纪念园（新生广场）（唐勇、柳柚伊拍摄，2011，2019）**

3.3.2.2　漩口中学地震遗址纪念园

漩口中学地震遗址纪念园位于汶川县映秀镇，占地面积约为 3.3×10^{4} m²。漩口中学地震纪念园展示了大地震给城市建筑带来的创伤（刘利雄，2015），是典型框架建筑结构震害研究的重要对象（叶列平，等，2011）。纪念园的入口写有“深切悼念四川汶川特大地震遇难同胞”几个黑色大字，庄严肃穆。进入纪念园，映入眼帘的是安放在倒塌的教学楼前方的大型表盘浮雕，表盘的指针永远定格在了大地震发生的时间 14 点 28 分。表盘左侧的墙面上刻有抗震救灾的浮雕。校舍遗址旁边有供行人参观的栈道，从右侧的栈道进入，沿途全是布满十字裂纹的受损建筑。为保持地震遗址原貌，建筑物用钢筋水泥梁固定支撑，利用当地盛产的竹子与城市住区进行空间隔离，场地围合选择当地树种（图 3－20）。

图 3－20　**漩口中学地震遗址纪念园（王尧树拍摄，2017）**

3.3.2.3 汶川地震纪念园

汶川地震纪念园位于汶川县威州镇阿坝师专，由何镜堂院士的设计团队完成，主题定位为“记忆与希望”，其目的在于记录地震灾难的真实场景，播撒未来美好生活的希望种子。整个纪念园以钟楼为中心，与岷江周围山体形成一个轴线，展开空间序列，通过场地的高差设计、地面材质变化、墙面与绿化植被的围合等，形成钟楼广场、希望广场、静思园等一组寓意深远的纪念场所。钟楼广场以“历史一刻”为主题，希望广场以“重建希望”为主题，静思园以“抚慰心灵”为主题（杨纯红，2009）。

3.3.3 纪念广场

3.3.3.1 钟楼广场

钟楼广场又名汶川县原阿坝师专钟楼地震遗址广场，是汶川县城留下的唯一的地震遗址，也是汶川地震纪念园的关键设计部分。两条分别代表 14 时指针和 28 分指针的黑色沟槽横亘广场地名，并通过这两条沟槽组织人流东线。两条沟槽以钟楼为中心，形成一个巨大的时钟，定格在 14 时 28 分。广场在创意选材上，以朴素、自然、庄重为原则，四面都是由钢筋网住的碎石堆砌成的石墙，碎石象征着地震所带来的破碎山河和家园，钢筋网象征着强大的民族凝聚力和意志力，这形象地体现出广场的主题——记忆与希望。广场的中心是原阿坝师专美术系钟楼，其时间永远定格在了大地震发生的那一刻，这是汶川大地震标志性场所，也成为汶川地震最著名的意象之一（杨纯红，2009；段禹农，等，2016）。

3.3.3.2 八一中学入口广场

擂鼓镇八一中学位于绵阳市北川羌族自治县，原名擂鼓镇初级中学，毁于汶川大地震，后经清华大学设计，济南军区援建，更名擂鼓八一中学。广场位于中学入口处，中心矗立着一座名为“自强·奋进”的雕塑。雕塑是一群穿着当地特色服装的学生簇拥着一名解放军携手走向明天的场景，表达出对济南军区援建的感恩，更表现出灾区人民走出伤痛、重新开始新生活的决心。

3.3.3.3 希望广场

希望广场位于映秀镇渔子溪村汶川特大地震震中纪念馆前方。地震期间，这里没有严重的滑坡，是当时比较安全的避难场所，救灾直升机也在这里的一块平地升降，因此在公墓建成之后，这一块平地就被命名为希望广场。希望广场以自然和谐为主题，象征着映秀镇在经历地震、灾害之后，正如日出东方重获新生，面向美好的未来。

3.3.3.4　辽宁广场

辽宁广场位于绵阳市安县，由四川大学艺术学院教授巫成金设计，辽宁援助修建，由辽宁广场纪念碑、调元园、沙汀园和抗震浮雕墙四个部分组成。调元园由李调元塑像和园林两部分组成。李调元雕像高 8 m，宽 5 m，厚3 m。正面是李调元的全身塑像，左侧是他的藏书楼和书冢，右侧是李调元一家父子群像。园林里的景观石刻有李调元赞美安县的诗句以及对李调元的评价。沙汀园由沙汀塑像和园林景观两部分组成。沙汀塑像高 5 m，宽7.2 m，厚2.2 m，由芝麻白花岗岩、铸铜而成。雕塑外形酷似书籍，正面是沙汀铜像以及简介，背面是沙汀的名言以及对沙汀的评价。

3.3.4　遇难者公墓

3.3.4.1　渔子溪“5・12”汶川大地震遇难者公墓

渔子溪“5・12”汶川大地震遇难者公墓位于映秀镇渔子溪村的一片小山坡上，紧挨着汶川大地震震中纪念馆（图 3-21）。大地震后，公墓安放了数千名地震遇难者的遗体。公墓由四川大学艺术学院规划设计，2011 年动工修建，2012 年 5 月 12 日竣工并投入使用。公墓墓碑采用黑色花岗岩，碑上刻有遇难者的姓名及生卒年，表达着对遇难者的沉痛哀悼。

图 3－21　**渔子溪“5·12”汶川大地震遇难者公墓**（**唐勇拍摄**，2017）

3.3.4.2　北川老县城遇难者公墓

北川老县城遇难者公墓位于北川县曲山镇北川老县城地震遗址内，紧挨着原北川中学新区遗址（图 3－22）。公墓原本是地震前准备修建的一栋楼房，地基基坑刚打好，结果灾难来临。由于当时众多的遇难者遗体无法及时外运，便集中掩埋在了这个基坑，如今已成一片翠绿的草坪。草坪后方的墙上拉着写有“深切缅怀‘5.12’特大地震遇难同胞”的白色横幅。草坪的正前方是一块刻着“2008　5.12　14.28”字样的石碑，庄严肃穆。

图 3—22　北川老县城遇难者公墓（Kenneth Foote 拍摄，2014）

3.3.4.3　洛水镇“5·12”地震灾害公墓

洛水镇“5·12”地震灾害公墓位于德阳市什邡市洛水镇李冰村。正对着墓区的纪念碑这一面刻有安葬在墓区的 108 位遇难者的名字。纪念碑的南北两侧，刻着安葬在其他地方的遇难者的名字，共 347 人。纪念碑距地面以上 5.12 m，代表 5 月 12 日地震日，地表以下 2.008 m，意为 2008 年，碑身宽 2.28 m，代表地震时间为下午 2 点 28 分（童辉，周喜丰，倪志刚，2009）。

3.4　微观尺度

3.4.1　纪念碑石

3.4.1.1　北川新生纪念碑

新生纪念碑位于新北川纪念园中心，由四川美术学院叶毓山教授创作（图 3—23）。纪念碑的东面是一组雕像，上方是一位拿着铁锹的壮士，似乎是想通过自己的力量劈开阻碍救出废墟中被困的人们，而下方则是一位羌族妇女带领着一个新生儿走向明天的形象。西面镌刻着胡锦涛主席在抗震救灾过程中提出的“任何困难都难不倒英雄的中国人民”几个金色大字。

图 3—23　北川新生纪念碑（唐勇拍摄，2016）

3.4.1.2　什邡市抗震救灾纪念碑

什邡市抗震救灾纪念碑位于德阳市绵竹市蓥华镇穿心店，是穿心店抗震救灾纪念广场的主体，由清华大学设计，北京援建（图 3—24）。2008 年 5 月 12 日，时任中共中央总书记胡锦涛同志亲临极重灾区视察，在这里向全世界发出了“任何困难都难不倒英雄的中国人民”的中华民族最强音，这几个大字也被记录在了纪念碑碑身，矗立于广场中心。

图 3—24　什邡市抗震救灾纪念碑（唐勇拍摄，2019）

3.4.1.3　东河口“大爱崛起”纪念碑

东河口“大爱崛起”纪念碑位于青川县红光乡东河口地震遗址公园内。纪念碑由四川大学艺术学院段禹农教授设计，由花岗岩雕刻而成，碑身上“大爱崛起”四个金色大字是由著名作家马识途先生书写，苍劲有力。碑体宽 5.12 m，高14.28 m，提醒着人们铭记灾难发生的时间。碑体像一个大写的“人”字，象征着震不垮的青川精神（图 3−25）。

图 3−25　**东河口“大爱崛起”纪念碑（唐勇拍摄，2016）**

3.4.1.4 牛圈沟纪念碑

牛圈沟纪念碑矗立于汶川县映秀镇牛眠沟内莲花心。纪念碑顶部呈现出一个破裂的形态，裂缝中是两只互相拉着的手，象征着灾难中的人们互帮互助，不放弃生命。纪念碑的上部刻着大地震发生的农历时间——“2008 年 农历四月初八星期一”，中部刻着红色的“5·12”字样，底部用黑色字体刻着“汶川之痛 华夏之哀 深切悼念遇难同胞”，庄严肃穆。该纪念碑不远处矗立着一块巨石，其上有红色大字书写的“牛眠沟 5·12 震源点”。

3.4.1.5 映秀震中天崩石

映秀震中天崩石矗立于汶川县映秀镇路口，长 11 m，高 8 m，宽3 m，向着岷江峡谷，面朝牛眠沟震源点，石身上刻有“5·12 震中映秀”几个醒目的红色大字。这块巨石是地震时山体崩裂滚下来的，如今成为震中映秀的标志性路牌。

3.4.1.6 东河口飞来石

东河口飞来石位于青川县红光乡东河口地震遗址公园内，长 5.1 m，宽 4.8 m，高3.2 m，重达 150 t，石身上刻有温家宝同志于 2008 年 5 月 15 日在青川县木鱼镇的讲话——我们要哀悼死者，更要团结起来，用我们自己的双手把青川建设得更好。飞来石的形状和材质与周围的石块明显不同，推测是从王家山崩塌时飞过来的，而那边距离这里有 2 km 路程，可见当时地震的威力有多么巨大。

3.4.1.7 感恩福建援建纪念碑

感恩福建援建纪念碑是彭州人民为感谢福建人 700 多天的昼夜奋战完成的 140 多个援建项目，特由中共彭州市委、彭州市人民政府修建此碑，以表援建人员的丰功伟绩，让彭州人民铭记于心，感恩援助，传承大爱（崇州市地方志编纂委员会，2014）。

3.4.1.8 安县“5·12”抗震救灾碑

安县“5·12”抗震救灾碑是安县人民为感谢辽宁人无私援助安县重建，于汶川大地震一周年之际矗立于县文化广场，碑上镌刻着《安县“5·12”抗震救灾碑记》，碑文由张清儒撰文，张拔群书写。

3.4.1.9　感恩辽宁纪念碑

感恩辽宁纪念碑是安县人民为感谢 4300 万辽宁人对灾后安县的援建，永远铭记这份恩情，特由安县县委、安县人民政府修打造铜制纪念碑矗立于辽宁广场，纪念碑高 5.5 m，宽 3.1 m，采用不锈钢、经典黑石材、青铜铸造而成，碑顶是两颗心，寓意着安县与辽宁心连心的特殊情感。碑石正面是时任安县县委书记王黎题写的“辽宁广场”四个大字；背面镌刻着《感恩辽宁援建记》；碑文由张清儒撰写，并在汶川大地震两周年之际镌刻在纪念碑上。

3.4.1.10　特殊教育学校纪念碑

都江堰新建小学位于都江堰市建设路，毁于汶川地震。该校建于 20 世纪 80 年代，开设有特殊教育班。震后，中国海外集团通过中海地产集团捐资 2000 万元重建这所新建的特殊教育学校。该校为中国海外集团捐建的第二所灾区学校，也是中国海外集团在内地独资捐建的第五所学校。为感谢中国海外集团，政府特立此碑，碑的正面刻有“海无涯爱无疆，中国海外集团捐建”，背面镌刻着“爱心铸就希望”（都江堰市地方志办公室，2013）。

3.4.1.11　广东援建汶川纪念碑

广东援建汶川纪念碑位于四川省阿坝藏族羌族自治州威州镇体育健身中心。为感谢广东省对汶川灾后重建的巨大帮助，特由汶川县人民政府建设，是两省友谊的象征与见证。纪念碑的正面刻着“广东援建汶川纪念碑”几个金黄大字，背面刻着广东援建汶川纪念碑碑文（汶川县史志编纂委员会办公室，2013；王晓易，2010）。

3.4.1.12　东莞市援建映秀纪念碑

东莞市援建映秀纪念碑坐落于汶川县映秀镇映秀湾公园。为感谢东莞和社会各界对映秀的无私奉献，铭记东莞对映秀的情谊，中共汶川县委、汶川县人民政府在映秀湾公园的中心修建了东莞市援建映秀纪念碑。纪念碑的大理石底座上刻着东莞在援建过程中包括对映秀恢复重建的要求、“8·14”特大泥石流抢险救灾等事迹（张迪，马喜生，2011）。

3.4.1.13　广东省红十字会援建汶川纪念碑

广东省红十字会援建汶川纪念碑位于汶川县避灾广场。震后，广东省红十字会在总会的指导下，秉持人道主义精神，汇聚八方力量，全心全意加入抗震救灾中来，其间共凑得物资12亿元支援灾区。为表达对广东人民对灾区的无私奉献，中共汶川县委、汶川县人民政府特立此碑，让后人铭记这份恩情。纪念碑正面刻着“广东省红十字会援建汶川纪念碑”字样与碑文，下方是红色大理石底座。

3.4.1.14 中山对口援建汶川漩口纪念碑

中山对口援建汶川漩口纪念碑位于汶川县映秀镇漩口中山路一侧。碑身由红色花岗岩打造，碑体高约10 m，正面是孙中山手迹“博爱”两个大字，背面刻有“山川相连”四个大字，上方是一个孙中山的头像雕塑，基座上则是10个铜像面向四方，底座四方刻有四幅抗震救灾过程中的人物浮雕和碑文，碑文记录着中山对口援建漩口的成绩与事迹。

3.4.1.15 三江乡恢复重建纪念碑

三江乡恢复重建纪念碑位于汶川县三江乡。无情的大地震摧毁了三江乡的平静，作为对口援建汶川县三江乡的惠州市根据指示进行恢复重建，惠州人民与三江人民团结在一起，艰苦奋斗，三年重建任务仅用一年时间完成，帮助三江乡人民走出灾难。为感谢惠州人民的无私奉献，三江乡特立此碑，以示纪念。纪念碑正中镌刻着“纪念碑”三个鲜红大字，左下角是立碑的时间与题字人，右侧刻着“广东省惠州市对口支援三江乡恢复重建”。

3.4.1.16 秉里村重建纪念碑

秉里村重建纪念碑位于四川省汶川县威州镇秉里村。该村是灾区重建的首个试点村，也是汶川首个整体交付使用的援建村。汶川特大地震使得汶川县威州镇秉里村遇难6人，受伤24人，摧毁房屋四百余座。在社会各方以及广东省的无私援助下，秉里村快速进行了灾后重建，逐渐走出痛苦。为表达对广东省对口援建以及社会各方人士的帮助，中共秉里村支部委员会特立此碑，以示纪念。

3.4.2 纪念雕塑

3.4.2.1 映秀镇漩口中学“汶川时刻”纪念雕塑

“汶川时刻”纪念雕塑位于汶川县映秀镇漩口中学地震遗址纪念园内（图

3－26）。雕塑以白色为主调，庄重地铭记着这次的灾难。雕塑的外形呈现出一个巨大白色表盘的形态，指针是以两条黑色的裂缝来演绎的，正好交叉出了大地震发生的时间，整个表面布满裂隙，让人们时刻铭记这次灾难所带来的伤痛。表盘前方是一块石碑，刻着“2018・5・12”。

图 3－26　映秀镇漩口中学“汶川时刻”纪念雕塑（唐勇拍摄，2016）

3.4.2.2　都江堰市七一聚源中学主题雕塑

七一聚源中学主题雕塑坐落在该校中心位置，高 4.6 m，由上海油画雕塑院设计。该校距离原址约1 km，因汶川大地震遭到严重的摧毁后，是全国党员的特殊党费援建的学校之一，故名七一聚源中学。为感谢全国党员的付出，学校特立此碑。主体为铜铸的 4 只坚强、团结、有力的连环紧握的手，形成坚实有力的方环结构。青石座基上镌刻着金字——“聚・源”，表达了“聚八方之爱，汇力量之源”的聚源精神，碑的顶部是四只铜铸的紧握着的手，寓意着坚强和团结。

3.4.2.3　汉旺“大爱永生”雕塑

“大爱永生”雕塑位于四川汉旺地震工业遗址公园，矗立于汉旺钟楼、东汽厂旧址以及新建的地震工业遗址博物馆的三角地带中心，是唯一一件在震后一周年时在地震灾区落成的公共艺术作品（图 3－27）。雕塑由北京 798 艺术设计部落林天强博士设计，一只纤弱而美丽的小手从废墟里努力地伸出来，上面有一只强壮有力的手与他相连接，这是心手相连，也是救援救赎，诠释着爱与奉献的主题。

图 3-27　汉旺“大爱永生”雕塑（唐勇拍摄，2016）

3.4.2.4　“胡主席和温总理在灾区”雕塑

“胡主席和温总理在灾区”雕塑现存于四川省阿坝藏族自治州禹羌博物馆，由甘肃天水麦积山美术馆雕塑家张北平制作，高 2.98 m，宽1.68 m，厚 0.94 m，重约1 t。雕塑生动地再现了 2008 年 5 月 12 日胡锦涛主席和温家宝总理在汶川机场握手的场景，不仅弘扬了汶川人民的抗震精神，还歌颂了人间真情，更激发出汶川人民战胜困难的信心和勇气。

3.4.2.5　“感恩祖国，感谢北京”雕柱群

“感恩祖国，感恩北京”雕柱群矗立于四川省德阳市什邡市职业中专内。

这所学校在地震中遭受到了毁灭性的破坏，后来是在北京对口援建异地重建的。雕柱群由三根浮雕柱组成，柱子上的图案展现了天安门华表、“5·12”地震场景和青年学子奋进向上等内容，镌刻着“感恩祖国、感谢背景、自强不息”十二个大字。

3.4.2.6　木鱼镇“希望”雕塑

“希望”雕塑位于四川省青川县木鱼初级中学校门口。雕塑的外形是一双托举的手，上方是一个散发着光芒的太阳，象征着木鱼镇人民在经历灾难后不放弃任何希望建设自己的家园的乐观向上的品质。基座上的“希望”二字诠释着雕塑的主题。

3.4.3　纪念墙

3.4.3.1　“山川永纪”主题浮雕

“山川永纪”主题浮雕位于汶川特大地震纪念馆序厅，由雕塑家叶毓山创作，是目前我国室内场面最大、体量最大的纪实性浮雕之一（图 3−28）。浮雕为青铜材质，由山崩、地陷、救援、大爱、感恩、重建和新生七个部分展现。雕塑中一共有 97 个参与汶川特大地震的人物形象。例如，“芭蕾女孩”李月、“吊瓶男孩”李阳、“敬礼娃娃”郎铮等。雕塑的最后是两位羌族年轻人充满希望走向未来的场景，体现出灾区不怕灾难勇敢向前的精神和积极向上的决心。

图 3−28　“山川永纪”主题浮雕（唐勇拍摄，2014）

3.4.3.2 什邡市中国“5·12”地震诗歌墙

中国“5·12”地震诗歌墙位于什邡市穿心店地震遗址纪念广场内，由《华西都市报》和《星星》诗刊联合倡议修建，于2011年4月28日正式落成（图3-29）。诗歌墙由清华大学设计，高2.28 m，长51.2 m，巧妙地蕴含着汶川大地震的发生时间。墙上镌刻着在全国范围内精选出的20首诗歌。例如，流传度极广的苏善生创作的《孩子，快抓紧妈妈的手》、王九平创作的《生死不离》、龚学敏创作的《汶川断章》、叶延滨创作的《我想起那片梨花》等作品。这些作品都诠释着诗歌墙的主题“爱”与“重生”。诗歌墙上的每首诗均为中英文对照，不仅表现出中国人民坚强不屈的精神，也表达出对曾经帮助过灾区人民的各国救援队伍的崇高敬意（余里，2011）。

图3-29　什邡市中国“5·12”地震诗歌墙（唐勇拍摄，2019）

3.4.3.3 映秀镇漩口中学“5·12”汶川特大地震记事浮雕墙

“5·12”汶川特大地震记事浮雕墙位于漩口中学地震遗址纪念园内（图3-30）。这面记事墙以国家的名义修建，由汉白玉石和花岗岩雕刻而成（朱丽，2018），主要分为文字和浮雕两个部分。文字记录着大地震以及抗震救灾的一些文字描述，下面的浮雕真实地再现了地震期间解放军战士及医护人员共同护送伤员上飞机的场景。

图 3－30　映秀镇漩口中学“5·12”汶川特大地震记事浮雕墙（唐勇拍摄，2016）

3.4.3.4　青川县东河口祭祀纪念墙

东河口祭祀纪念墙位于东河口地震遗址公园中心的一座祭祀平台之上（图 3－31）。纪念墙形似王家山造型，刻着整个青川县 4000 余名死难者的名字，其中还包括没来得及取名字的孩子（刘顺，王琦，2013）。

图 3－31　青川县东河口祭祀纪念墙（王尧树拍摄，2018）

3.4.3.5　辽宁广场抗震浮雕墙

辽宁广场抗震浮雕墙位于绵阳市安县辽宁广场。抗震浮雕墙高3.7 m，长

13.5 m，厚1 m，由红雅石雕刻而成。浮雕墙正面由灾难降临、国家力量、孤岛救援、堰塞湖排险、重建家园五个部分组成，再现了大地震降临时安县居民在政府领导下抢险救灾、灾后恢复重建以及全国各地支援的画面。背面镌刻着《安县抗震救灾纪念碑记》《“5・12”援助安县抢险救灾捐赠名录》（汶川特大地震安县抗震救灾志编纂委员会，2015）。

3.4.4 地名景观

3.4.4.1 新北川县城山东大道

山东大道又名新北川大道，位于北川新县城，是连接北川新老县城的必经之路。山东大道由中国城市规划设计院规划设计，起于安昌镇，途径永安镇、擂鼓镇，止于曲山镇任家坪村（北川老县城入口），道路全长25.94 km，设计时速为60 km，投资 5.7 亿元。这条道路是地震后由山东省援助修建的，故名山东大道。后山东省提出北川新县城实行“去山东化”命名理念，山东大道做了四次更名，最后定为“新北川大道”（梁波，王晓易，2010）。

3.4.4.2 新北川县城辽宁大道

辽宁大道又名绵安北快速通道，由辽宁省援建，东南起于涪城区永兴镇九洲体育馆，西北至北川羌族自治县安昌镇，辐射涪城区、安州区、北川羌族自治县三个区县，经永兴、界牌、花荄、黄土镇、永昌镇，止于北川安昌二桥，全长28 km。

3.4.4.3 都江堰市蒲虹公路

蒲虹公路位于都江堰市虹口乡与蒲阳县之间，起于蒲阳镇金港大道北段，止于虹口乡东场口贾家沟，全长 23.8 km，宽 7 m，全线共 181 个湾，相对高差约800 m，山高、谷深、坡陡，最高点卡子垭口海拔达1450 m，是上海对口支援都江堰灾后重建项目中最难、最艰巨的工程之一。2008 年“5・12”汶川地震中，都江堰市虹口乡通往外界紫坪铺镇和向峨乡的两条道路被山体滑坡阻断，6000 余名当地村民及游客被困地震“孤岛”，为将灾情及时传达出去，虹口乡 4 名勇士重走尘封 50 多年的山间小道，用砍刀砍出了一条“天路”，上海市沿着抗震救灾“天路”雏形，新建了虹口乡通往外界的蒲虹公路（周俐君，陈璐，2018）。

3.4.4.4　什邡镇京什旅游文化特色街

京什旅游文化特色街位于德阳市什邡市中心地带，东邻西川佛都罗汉寺，西邻鼓楼下街，是北京市援建什邡市的灾后重建重点项目最后一批竣工的工程（何茜，王晓易，2011）。京什旅游文化特色街建筑面积为 $1.2\times10^4\ m^2$，极具川西文化风格。街面采用大量的老北京传统文化的雕塑和景观小品，利用文化墙、文化地砖等篆刻老北京历史，将诸多的北京元素融合到特色街内，游人能清晰地感受到北京的文化氛围，体现京什携手的主题（王明平，2011）。

3.5　本章小结

以空间尺度为一级分类指标，将汶川地震纪念性景观划分为宏观、中观与微观 3 种类型，并以景观类型为二级指标，将其细分为 11 种亚类。上述分类方案考虑了地震纪念性景观的尺度问题，充分借鉴了前人关于地震遗迹景观、地震遗迹旅游资源的分类方案，突出景观的纪念性特征（卢云亭，侯爱兰，1989；唐勇，2012；唐勇，等，2010；唐勇，等，2011；姜建军，2006；许林，孙祖桐，2000；阚兴龙，等，2008）。

地震纪念地规模宏大，是由地震纪念馆、地震遗址和次生灾害展示区等组成的综合性功能体。灾后恢复重建时期，汶川大地震震中纪念地、北川国家地震遗址博物馆、汉旺地震遗址公园、都江堰虹口深溪沟地震遗迹纪念地、绵竹市汉旺镇地震工业遗址纪念地、什邡穿心店地震遗址纪念地、古羌寨地震纪念地先后设立。其中，北川老县城代表了对极震区城市的毁灭性破坏；映秀镇遗址代表了对极震区乡镇的毁灭性破坏；汉旺遗址代表了对位于强震区的工业区的毁灭性破坏；深溪沟遗迹代表了在地震极震区地表地震破裂带的同震位错及其引起的地面破坏与变形现象（彭晋川，陈维锋，2008）；青川东河口地震遗迹群是极震区堰塞湖数量最多、最集中的地震遗迹群。

除《“5·12”汶川地震遗址、遗迹保护及地震博物馆规划建设方案》《北川、映秀、汉旺、深溪沟地震遗址遗迹保护及博物馆建设项目规划》所确立的四大地震纪念地外，青川、什邡、彭州等市州积极响应，设立了青川县红光乡东河口地震遗址公园、什邡穿心店地震遗址纪念园、彭州小鱼洞地震遗址公园等各具特色的地震遗址公园。地震遗址公园的规模仅次于地震纪念地，是保护具有典型性、代表性、科学价值和纪念意义的地震遗址、遗迹，以及开展地震知识科普教育与纪念活动的重要公共空间。地震遗址是指由地震灾害事件所形成的具有典型性、代表性、科学价值和纪念意义的遗址、遗迹，既可能包含于地震遗址公园或地震纪念地，也可能独立于二者之外。汶川地震所形成的地震遗址、遗迹典型性强、代表性突出。由于汶川地震发生在人类居住的山区中，造成了城镇、桥梁等人工建筑的惨重破坏。北川县城、映秀镇等成为废墟，青川、北川等地堰塞湖群沿河呈链状分布、库容量巨大，仍不时威胁下游安全，地震激发了大量滑坡、泥石流、崩塌等次生地质灾害，构成了灾区恢复重建的巨大阻碍。类型多样的地震遗址、遗迹各自代表了地震对不同区域、不同对象的影响强度和作用方式的差异性，其分布主要受地震断裂带、地震烈度及区域地质地貌特征及灾区城镇分布的控制或影响（唐勇，等，2010；唐勇，2012）。

《汶川地震灾后恢复重建条例》（国务院令第526号）要求对具有典型性、代表性、科学价值和纪念意义的地震遗址、遗迹划定范围，建立地震遗址博物馆。在此背景下，汶川特大地震纪念馆（北川）、汶川特大地震震中纪念馆（映秀）、汶川博物馆（汶川）、青川博物馆（青川）、“5·12”抗震救灾纪念馆（安仁）、绵竹市抗震救灾和灾后重建纪念馆等立项建设，陆续向公众开放，成为纪念抗震救灾与灾后重建、宣传防震减灾科普知识、接受爱国主义教育的重要基地和窗口。

纪念园是新北川、映秀镇等灾后重建城镇中纪念汶川地震灾难与城镇居民活动的重要公共空间，往往与纪念广场、纪念碑以及园林小品等相伴而生。例如，北川抗震纪念园不仅仅是新北川的象征，也是历史的缩影、国家的符号，成为北川受灾群众、援建者和全国人民铭记灾难、歌颂重建和憧憬新生的重要空间和精神场所（王飞，等，2011）。纪念广场的规模大于纪念园，同样可能包含纪念碑石、纪念雕塑、纪念墙、园林小品等微观尺度的纪念性景观。纪念广场既可能位于新北川、映秀镇、安县等灾后重建城镇，也可出现在灾后重建（新建）学校内。例如，汶川县原阿坝师专钟楼地震遗址广场、北川县擂鼓镇八一中学入口广场、映秀镇“希望”广场等。遇难者公墓是依法设立和划定土地，用以集体安葬和纪念汶川地震死难者的地方和场所。按照国家民政部、四川省“5·12”抗震救灾指挥部和四川省民政厅、四川省公安厅、四川省卫生厅《关于印发〈四川省“5·12”地震遇难人员遗体处理暂行办法〉的紧急通知》等关于遇难遗体处置的相关政策，为了防止疫情的发生给灾区群众造成更大伤害，要求各地按照相关规定和要求，要求本着从快、就近的原则，及时、规范、妥善处理“5·12”地震灾害遇难人员遗体。地震发生后，解放军为掩埋遗体，将映秀镇渔子溪山腰上的半公顷玉米地改造成了集体坟场，掩埋6000多具遗体，这个数字占到了震前汶川县映秀镇总人口的1/3。

汶川地震灾区有大量形态各异、体量不等的纪念此次大地震的碑石。他们大多位于地震纪念园、地震遗址公园、地震纪念地、遇难者公墓等室外开放性纪念空间，也可能成为纪念场馆等室内空间的重要组成部分。大者如北川新生纪念碑，高25 m有余；小者如北川老县城遇难者公墓前的一小块碑石。映秀震中天崩石、牛圈沟纪念碑、东河口飞来石等少数纪念碑主要由自然伟力形成，不事雕琢，题词精简。什邡市抗震救灾纪念碑等由政府主导修建者往往由专业机构精心设计，有题词及碑记。例如，北川新生纪念碑由四川美术学院叶毓山教授创作，什邡市抗震救灾纪念碑由清华大学设计，东河口“大爱崛起”纪念碑由四川大学艺术学院段禹农教授设计，北川新生纪念碑、什邡市抗震救灾纪念碑均镌刻有胡锦涛同志题字“任何困难都难不倒英雄的中国人民”，安县“5·12”抗震救灾碑镌刻着《安县“5·12”抗震救灾碑记》，感恩辽宁援建碑镌刻着《感恩辽宁援建记》。相较而言，民间自发竖立者体量小而简朴，而由单位敬立者比民间自立者稍大、题词和碑记内容稍丰富。例如，汉旺地震场镇遗址区的某处居民楼废墟前由遇难者的战友和亲人敬立的一尺方碑仅镌刻已故亲人姓名和缅怀的话语等寥寥数字。从立碑之目的和内容来看，大多是为了纪念地震遇难者所建，也有为铭记援建恩亲所立。后者如广东援建汶川纪念碑、东莞市援建映秀纪念碑、广东省红十字会援建汶川纪念碑、中山对口援建汶川漩口纪念碑。从立碑的时间上看，既有在汶川地震发生后短短数月内由遇难者家属、亲友自发竖立者，也有灾后恢复重建过程中由各级地方政府、民间组织者，更有于汶川地震周年祭之日落成者。

纪念雕塑与纪念碑的情况类似，形态各异、体量不等，但更富于设计感，形态更加丰富，寓意更为隽永。例如，映秀镇漩口中学“汶川时刻”纪念雕塑外形呈现出一个巨大白色表盘，指针交叉出了大地震发生的时间，寓意灾难时刻；汉旺“大爱永生”雕塑诠释着爱与奉献的主题。纪念墙可视为纪念雕塑的一种特殊类型，融合了雕塑、浮雕与平面绘画等多种艺术表现手法和设计语言。例如，“山川永纪”主题浮雕由雕塑家叶毓山创作，是目前我国室内场面最大、体量最大的纪实性浮雕之一。地名景观是地震灾区一种特殊类型的地标景观。为纪念援建省市，故以其名作为灾后恢复重建城镇中的新建街道之名。例如，新北川县城山东大道、都江堰市蒲虹公路、什邡镇京什旅游文化特色街。

综上所述，本章是关于地震纪念性景观类型学研究的一次重要尝试。地震纪念性景观分类方案综合考虑空间尺度特征及其纪念性特质，便于识别，易于分类统计，从而为地震纪念性景观类型学研究提供了新思路。

第 4 章　汶川地震纪念性景观空间分布①

中国为纪念汶川地震建立了世界上规模最为宏大、保存最为完整的纪念性景观体系，它们在地方建构中必将发挥重要作用（唐勇，2014；王金伟，王士君，2010）。然而，地震、崩滑流、洪水等次生灾害对地震遗址保护存在潜在威胁，加之部分重要地震纪念性景观的科学、经济及社会价值未及时得到应有揭示，出现了在重建中遭受破坏的憾事（唐勇，2014）。例如，汶川地震宏观震中牛眠沟流域发生了 7 次大规模的泥石流灾害（乔建平，等，2013）；2010 年“8·13”特大山洪、“8·19”泥石流相继袭击虹口深溪沟地震遗迹纪念地（都江堰市地方志办公室，2013）。汶川地震十周年，重新审视现存地震纪念性景观的空间分布特征显得尤为必要和紧迫。

前人利用最邻近指数、核密度和空间自相关等空间分析方法以及地理集中指数、不平衡指数、洛伦兹曲线等经典方法（Vasiliadis，Kobotis，1999；Huang，Li，2009；任慧子，等，2011；康璟瑶，等，2016；Zhao，Qi，2016；Hajilo，et al，2017；张家旗，陈爽，Damas，2017；Qu，2018；钟美玲，刘雨轩，2018），研究了不同尺度下的旅游景区、传统村落和博物馆等的空间分布问题（Jing，Huang，Su，2007；Walford，2001；马会丽，等，2017；孙军涛，等，2017；Yuan，2018）。其中，*K* 指数分析在植物种群、疾病发病点、地质灾害点和旅游景点分布等空间格局的运用中较广，特别是针对不同尺度下旅游景观的研究具有一定优越性（Helbich，Leitner，2010；潘竟虎，李俊峰，2014；吴佳雨，2014）。前人对地震堰塞湖、滑坡等类型地震遗迹景观的空间分布问题积累了较多基础性研究成果（Di，et al，2010；孔纪名，等，2010；Xu，Zhang，Li，2011；唐勇，2012；许冲，等，2013；Xu，2014）。例如，许冲等（2013）利用遥感技术，解译了汶川地震滑坡及其所形成的堰塞湖的空间分布规律；唐勇（2012）探讨了不同尺度地震遗迹景观在空

① 本章部分内容已刊发于《灾害学》2019 年第 3 期。

间上分布及其组合特征。以上研究结果为本书提供了重要参考，但缺乏对于地震纪念性景观空间分布问题的必要关注。

综上所述，基于汶川地震灾区场域的典型案例，通过科学计量、空间分析等方式，反思地震纪念性景观的空间分布问题，有望为迫在眉睫的空间冲突、地方错置等问题的解决做出新贡献。

4.1　研究方法

4.1.1　研究区域

数据搜集范围为四川省内地震纪念性景观富集或具有代表性的灾后恢复重建区域，主要涉及白鹿镇、洛水镇、关庄镇、映秀镇、擂鼓镇、汉旺镇等 39 个镇，北川县、大邑县、剑阁县、青川县等 13 个县（市、区），绵阳市、成都市、德阳市、阿坝州、广元市等 6 个市州。空间分布研究将四川省全境视为研究区域，而未直接选取《国务院关于印发汶川地震灾后恢复重建总体规划的通知》（国发〔2008〕31 号）所划定的四川部分所涉及的 39 个县（市、区）。这主要是从空间分布的可对比性出发，并考虑到灾后部分地震纪念性景观配置区域超越了灾后恢复重建的规划范围使然。

4.1.2　数据来源

汶川地震纪念性景观名称资料主要来源于《四川地震灾区环境景观建设成果研究》（段禹农，刘丰果，历华，2016）所介绍的政府主导的永久性公共纪念性景观，并通过地方考察、文献资料搜集等方式补充必要的数据。考虑到数据可及性，除建川地震博物馆系列，其他公众自发建立的临时性纪念性景观未纳入统计之列，最终筛选出 349 处汶川地震纪念性景观（附录 1）。

4.1.3　数据处理

首先是利用在线经纬度网站（http://www.gpsspg.com），选取 Google Map 经纬度定位结果，并将地理坐标与景观名称同时记录于 Excel 电子表格。其次是采用 Internet 互联网的开放资源、图书馆，获取《汶川特大地震抗震救灾志》《汶川特大地震阿坝州抗震救灾志》《"5·12"汶川特大地震汶川县抗震救灾志》等各类馆藏史籍与文献资料，查询所搜集案例点的行政区位、背景等属性数据，进行统计分类，编制分类代码。最后是运用 ArcGIS 10.1 计算平均最邻近指数、核密度指数，绘制纪念性景观的点密度图、核密度图，创建标准差椭圆，并结合 GeoDa 分析纪念性景观的空间自相关特征。

4.2 研究结果

4.2.1 平均最邻近指数

平均最邻近（Average Nearest Neighbor）工具计算返回 5 个值：即平均观测距离、预期平均距离、平均最邻近指数、Z 得分和 P 值。其中，Z 得分和 P 值结果是统计显著性的量度，用来判断是否拒绝零假设（完全空间随机性）。平均最邻近指数的表示方式是平均观测距离与预期平均距离的比率。预期平均距离是假设随机分布中邻域间的平均距离。平均最邻近指数小于 1，表现为聚类；大于 1，趋向于离散或竞争。平均最邻近指数的计算公式如下（杨忍，2016）：

$$ANN = \frac{\bar{D}_O}{\bar{D}_E} \tag{4.1}$$

式中：$\bar{D}_O$ 为每个要素与其最邻近要素之间的平均观测距离：

$$\bar{D}_O = \frac{\sum_{i=1}^{n} d_i}{n} \tag{4.2}$$

$\bar{D}_E$ 为随机模式下指定要素间的期望平均距离：

$$\bar{D}_E = \frac{0.5}{\sqrt{n/A}} \tag{4.3}$$

其中：d_i 为要素 i 与其最邻近要素的距离；n 为区域要素数量；A 为所有要素包络线面积。

Z 得分的计算公式如下：

$$Z = \frac{\bar{D}_O - \bar{D}_E}{SE} \tag{4.4}$$

式中：

$$SE = \frac{0.26136}{\sqrt{n^2/A}} \tag{4.5}$$

计算结果：平均观测距离为 2531.413 m，预期平均距离为8903.749 m，平均最邻近指数为 0.284。P 值（0.000）及非常低的 Z 得分（-12.623）表明观测到的空间模式不太可能反映零假设所表示的理论上的随机模式（小概率事件）；平均最邻近指数（0.284）小于 1，表现为聚类。综上所述，地震纪念性景观分布呈现出显著的空间聚类特征。

4.2.2　核密度指数

使用核函数根据点要素计算每单位面积的量值，将各点拟合为光滑锥状表面（禹文豪，等，2016）。搜索半径参数值越大，生成的密度栅格越平滑且概化程度越高；反之，生成的栅格所显示的信息越详细。经多次尝试，最终选取采用带宽 0.4°绘制核密度图（图 4-1）。

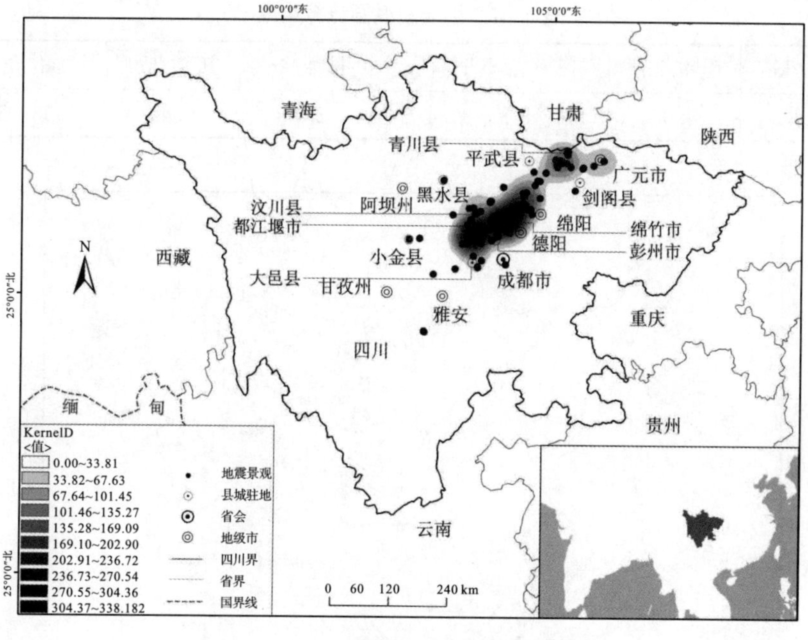

图 4-1　汶川地震纪念性景观核密度图

结果表明，地震纪念性景观空间分布差异显著，聚集性特征显著，呈现出以映秀、绵竹、青川三个聚集点为核心向外围扩散的格局。349 处地震纪念性景观主要分布于成都、阿坝、德阳、绵阳、广元、雅安 6 个市州，其中汶川县、绵竹市、什邡市、北川县、青川县为主要聚集地，彭州市、都江堰市、安县为次要聚集地，平武县、大邑县、剑阁县仅有少量景观点。

4.2.3 标准差椭圆

标准差椭圆的长半轴表示的是数据分布的方向，短半轴表示的是数据分布的范围，轴之间的差值越大（扁率越大），说明数据要素的方向性越强，长轴与短轴的长度越接近，说明其方向性越弱。如果长轴长度等于短轴长度，则点要素没有方向特征（方叶林，等，2014）。

结果表明，标准差椭圆的转角为 53.05°，其长轴远大于短轴长度，表明地震纪念性景观的分布具有明显的方向性。标准差椭圆的长轴方向向东北—西南方向延伸，表明四川地震纪念性景观沿成都、德阳、绵阳、广元以及成都、德阳与阿坝的交界处密集分布（表 4—1，图 4—2）。

表 4—1　标准差椭圆计算结果

周长/km	面积/km^2	中心点坐标	长轴/km	短轴/km	方位角/°
10.33	4.67	104.15°E，31.47°N	2.40	0.62	53.05

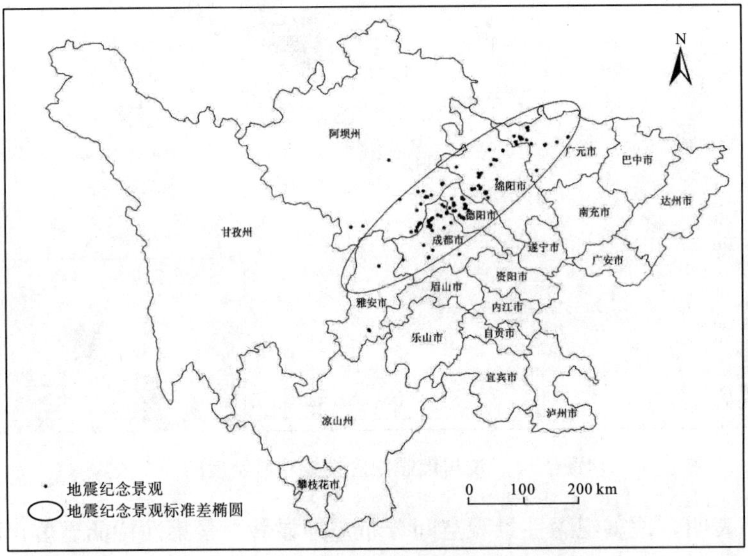

图 4—2　汶川地震纪念性景观标准差椭圆

4.2.4 空间自相关

综合利用 ArcGIS10.2 和 GeoDa 空间统计分析软件，运用莫兰指数（Moran's I），结合 Moran 散点图、LISA 集聚图，探讨地震纪念性景观在空间上的相关性特征。

全局莫兰指数（Global Moran）的计算公式如下（袁修柳，王保云，何夏芸，2018；毕硕本，等，2018）：

$$I = \frac{n\sum_{i=1}^{n}\sum_{j=1}^{n}W_{ij}(x_i - \bar{x})(x_j - \bar{x})}{\sum_{i=1}^{n}\sum_{j=1}^{n}W_{ij}\sum_{i=1}^{n}(x_i - \bar{x})^2} \tag{4.6}$$

式中：x_i，x_j 表示市州 i，j 的地震纪念性景观数量；$\bar{x}$ 表示地震纪念性景观的平均数；n 为市州个数；W_{ij} 为空间权重。I 的取值在−1～1 之间，I 为正表示各市州地震纪念性景观存在正相关，I 为负表示负相关，I 等于零表示各市州地震纪念性景观呈随机分布，无相关性。

局部莫兰指数（Local Moran）的计算公式如下（袁修柳，王保云，何夏芸，2018；毕硕本，等，2018）：

$$I_i = Z_i \sum_{j=1,j\neq i}^{n} W_{ij}Z_j \tag{4.7}$$

式中：Z_i 和 Z_j 分别为区域 i 和 j 的标准化观测值；W_{ij} 为空间权重。

以四川省 21 个市州为研究单元，运用 ArcGIS 软件将各市州地震纪念性景观数据录入 shp 图层属性表，再将图层导入 GeoDa 软件中。基于“车式”邻近创建空间权重矩阵，计算全局莫兰指数。地震纪念性景观莫兰指数值大于零（Moran's I=0.3879），P 值为 0.01，Z 值为 3.3063，表示地震纪念性景观在空间上呈正相关，趋于空间聚集（表 4−2）。

表 4−2　汶川地震纪念性景观全局自相关分析结果

Moran's I	Z	P
0.3879	3.2063	0.01

全局莫兰指数能得出地震纪念性景观在四川省存在正相关，但无法看出聚集或者异常出现在哪些市州。为此，结合 Moran 散点图、LISA 集聚图进一步分析地震纪念性景观在局部上的空间自相关特征。散点图第一象限是高高聚集（HH），表示高值被高值包围；第二象限是低高聚集（LH），表示低值被高值包围；第三象限是低低聚集（LL），表示低值被低值包围；第四象限是高低聚集（HL），表示高值被低值包围。结果表明，属于高高聚集的有成都、德阳、绵阳、广元、阿坝 5 个市州；属于低高聚集的有雅安、甘孜、巴中、南充、遂宁、资阳 6 个市州；乐山、眉山等 10 个市州属于低低聚集；没有区域属于高

低聚集（表4－3，图4－3）。

表4－3　汶川地震纪念性景观低高值区计算结果

低高值区	市州
HH	成都、德阳、绵阳、广元、阿坝
LH	雅安、甘孜、巴中、南充、遂宁、资阳
HL	—
LL	乐山、眉山、凉山、攀枝花、宜宾、泸州、自贡、内江、达州、广安

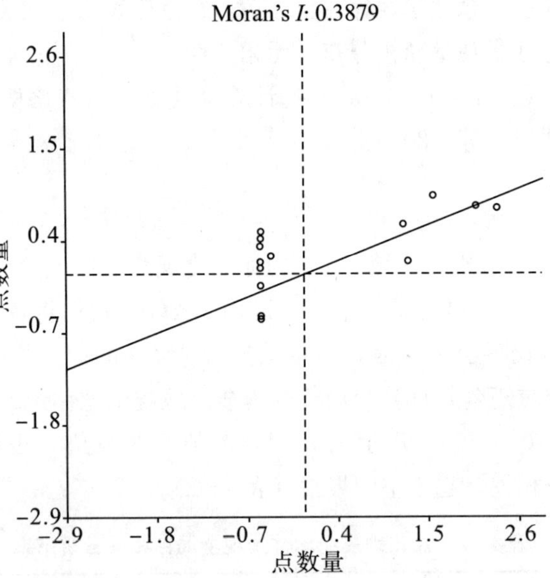

图4－3　散点图

采用LISA集聚图绘制景观点在0.05显著性水平上的空间分布特征。High－High（HH）表示高值聚集中心区，Low－Low（LL）表示低值聚集中心区，HH、LL表示各区域空间差异小，HL、LH表示各区域空间差异大，具有异质性特征。结果表明，349个地震纪念性景观点分布的6个市州中有5个具有显著性特征。其中，阿坝、成都、德阳、绵阳4个市州呈现出显著的空间聚集性特征，它们之间具有较强的均质性。遂宁属于LH型区域，表明遂宁被景观点密集的市州包围，与相邻的市州呈现显著的空间负相关关系（图4－4）。

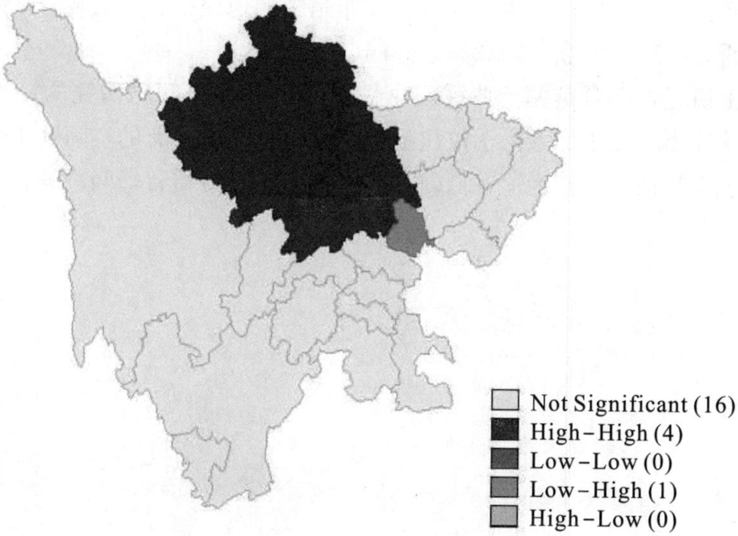

图 4-4　LISA 集聚图

4.3　本章小结

汶川地震纪念性景观存在显著的空间聚集性、方向性和相关性。从省域尺度看，地震纪念性景观分布呈现出典型的聚集特征（ANN<1）；从市域尺度看，地震纪念性景观集中于 6 个市州（成都、阿坝、德阳、绵阳、广元、雅安），呈现出显著的空间差异性；汶川县、绵竹市、什邡市、北川县、青川县为主要聚集地，呈现出以“映秀—绵竹—青川”聚集点为核心向外围扩散的空间分布格局。从分布的方向性来看，标准差椭圆长轴分别向东北、西南方向延伸，沿龙门山地震断裂带密集分布。汶川地震纪念性景观的标准差椭圆（转角为 53.05°）的长轴长度远大于短轴，表明地震纪念性景观的方向性显著。从空间相关性来看，地震纪念性景观在四川省存在正相关（Moran's $I=0.3879>0$），即地震纪念性景观分布密度较高的市州之间存在空间集聚性，这与红色旅游经典景区空间分布特征类似（陈国磊，等，2018）。具体而言，21 个市州中有 5 个具有显著高高聚集性特征。其中，阿坝、成都、德阳、绵阳 4 个市州表现出“集群化”分布特征。究其原因，地震纪念性景观分布特征明显受到地质构造、活动断裂、地震烈度、地貌、降水、地层岩性、人类活动、灾区城镇分布等因素不同程度的控制或影响（谢洪，等，2009；王春振，等，2009；黄润秋，李为乐，2008）。相较于黑色旅游资源、纪念类博物馆等在中国尺度的空间分布而言，人口、文化、经济等并非是影响地震纪念性景观分布的主要因素（王昕，齐欣，韦杰，2013；马会丽，等，2017）。

综上所述，本章是关于地震纪念性景观空间分布问题研究的一次重要尝试。其重要意义在于深入揭示汶川地震纪念性景观所具有的空间聚集性、方向性和相关性特征，有望为迫在眉睫的空间冲突、地方错置等问题的解决做出新贡献。

第5章　汶川地震纪念地黑色旅游认知①

中国为汶川地震建立了世界上规模最为宏大、保存最为完整的地震纪念体系（唐勇，2012，2014；王金伟，王士君，2010）。映秀地震纪念馆、北川地震遗址公园、青川东河口地震遗址公园等既是缅怀死难者，铭记成功夺取抗击汶川特大地震和灾后恢复重建胜利的重要纪念空间，也为“后汶川地震时期”地震专题旅游发展提供了新的资源及潜在机会（刘世明，2009；曾献君，等，2009）。前往地震纪念地的出游动机是否有特殊之处？地震之旅让人收获了什么？这一系列问题的正确解答是地震专题旅游发展中迫切需要解决的基础性科学问题，尚无明确答案（Biran，et al，2014；Tang，2014b；Yang，Wang，Chen，2011；王金伟，张赛茵，2016；陈星，等，2014）。

国外对于地震遗址纪念地的旅游活动尚无完全对应的专有概念（Tang，2014a，2018b；唐勇，等，2018），但在“黑色旅游”（Dark tourism）（Hartmann，2014；Lennon，Foley，2000；Sharpley，Stone，2009；Smith，2010；Stone，2012，2013，2006；方叶林，等，2013）、“死亡旅游”（Thanatourism）（Friedrich，Johnston，2013；Lee，et al，2012；Seaton，1996，1999；Slade，2003）、“暴力遗产旅游”（Atrocity tourism）（Ashworth，2002a；Kidron，2013）、“不和谐旅游”（Dissonant heritage tourism）（Charlesworth，1997；Tunbridge，1996）、“涅槃旅游”（Phoenix tourism）（Causevic，Lynch，2011）、“恐怖旅游”（Morbid tourism）（Blom，2000）、“黑色景点旅游”（Black spot tourism）（Rojek，1993）、“灾难旅游”（Disaster tourism）（Antick，2013）等不同概念之下做了若干有价值的探讨。研究案例主要集中在战争（Battlefeild tourism）、大屠杀（Holocaust tourism）等由人类活动相关的纪念地及其相关黑色旅游活动（Allagaoglu，2008；Ashworth，2002b；Bigley，et al，2010；Cohen，2011；Dunkley，Morgan，Westwood，2011；Podoshen，Hunt，2011；Reynolds，2016；Winter，2011；方叶林，等，2013；郑

① 本章部分内容曾刊发于《山地学报》2018年36卷第3期。

春晖，等，2016)，而对地震、洪水、火山喷发等自然灾害类纪念地的关注尚显不足（Bird，Gisladottir，Dominey－Howes，2010；Erfurt－Cooper，2011；Faulkner，Vikulov，2001；Nomura，et al，2004；颜丙金，等，2016)。

汶川地震纪念体系是研究地震专题旅游的关键区域（Tang，2014a，2018b；Zhang，2013)。大量侧重于政策或对策分析层面以及地震事件的旅游影响测算方面的研究成果积极助推了旅游产业恢复重建、地震遗址的保护性开发与黑色旅游发展（Tang，2016；Yang，2008；Yang，Wang，Chen，2011；吴良平，张健，王汝辉，2012；唐勇，2012，2014；王金伟，王士君，2010)。不仅于此，震后赴四川，特别是九寨沟等地震灾区景区的旅游动机、消费心理、旅游地形象感知与重游意愿等也是重要研究内容（唐勇，等，2011；唐弘久，张捷，2013；李敏，等，2011；李敏，等，2011；甘露，刘燕，卢天玲，2010)。前述成果对震后游客认知行为研究有所助益，但缺乏对地震纪念地及其相关的黑色旅游动机、游憩价值与重游意愿等潜变量的集中关注。

有鉴于此，本章密切关注游客对于汶川地震纪念地的基本态度既是“后汶川地震时期”震区旅游经济协调发展中的重大理论与实际问题，也是地震专题旅游与社会文化和谐发展所迫切需要解决的关键科技问题。以前往汶川地震纪念地的国内游客为研究对象，采用结构方程模型，重点揭示地震纪念地的黑色旅游动机、游憩价值与重游意愿三组变量间的认知结构关系。

5.1 纪念地旅游活动

从供给与需求视角研究纪念地旅游活动有较多重要成果（Dunkley，Morgan，Weatwood，2011；Hartmann，2014；Sharpley，Stone，2009；Stone，Sharpley，2008；Tang，2018b；Wight，Lennon，2007；Winter，2011)。前者如“黑色旅游谱”（Stone，2006；Strange，Kempa，2003)、“黑色旅游象限”（Sharpley，2009)，后者如“黑色旅游消费模型”（Stone，Sharpley，2008)。就黑色旅游动机而言，在不同案例、不同人群中表现出明显的差异性特征（王金伟，张赛茵，2016)。例如，同为探访第一次世界大战遗址，前往法国的游客多为缅怀死难者或热衷于战争史（Dunkley，Morgan，Westwood，2011)，而到比利时者则倾向于参加纪念活动并获得休闲体验（Winter，2011)。除了黑色旅游动机和真实性体验问题，想象也是纪念地旅游活动研究所关注的重要方面（Chronis，2012；Podoshen，2013)。

近年来，波兰奥斯维辛集中营、美国盖特斯堡南北战争遗址、南京大屠杀纪念馆等与“人祸”相关的纪念地演变成了重要的黑色旅游地（Ashworth，2002b；Chronis，2012；Cohen，2011；Foote，2003；Kidron，2013；Podoshen，Hunt，2011；Ryan，Foote，Azaryahu，2016；Zhang，et al，2016；方叶林，等，2013；郑春晖，等，2016）。就地震纪念地而言，规模较大者有唐山地震遗址纪念公园、奥克兰地震纪念公园、北淡地震纪念公园、阪神大地震纪念公园、中国台湾“9・21”地震纪念园，特别是一系列与汶川地震相关的纪念地（Chen，Xu，2018；Erturk，2012；Maximiliano，Tarlow，2013；Okamura，et al.，2013；Tang，2018a，2018b；Washizuka，1985）。令人感到遗憾的是，关于地震纪念地游客认知研究的文献特别缺乏，这使得普通大众对于地震纪念地的基本态度成为一个异常棘手的问题（Chen，Chen，Cheng，2012；Chew，Jahari，2014；Coats，2013；Martini，Minca，2018；Rittichainuwat，Chakraborty，2009；Rittichainuwat，2013；Rittichainuwat，2008；Ryan，Hsu，2011）。

对死亡与苦难的窥视是部分游客前往奥克兰地震纪念公园以及阪神大地震纪念公园的重要动机（Chew，Jahari，2014）。缅怀死难者、了解受灾情况、探访地震遗址、帮助灾情群众也可能促使游客前往地震纪念地（Chen，et al，2012；Coats，2013；Ryan，Hsu，2011）。如果说黑色旅游者区别于普通游客的重要特征在于其特殊的出游动机（Hartmann，2014），那么“纪念死难者”或对“死亡景观”（Death－scape）的“好奇”在旅游决策中的作用孰重孰轻？就汶川地震纪念地的案例而言，“纪念”与“好奇”（窥探）这两项黑色旅游动机往往相互交织在一起（Tang，2014a；王金伟，张赛茵，2016；陈星，等，2014）。抛开争议，较为一致的看法是纪念地之旅能够让人有所“收获”（Benefits）或产生多方面的“游憩价值”（Recreational value）（Cohen，2011；Kidron，2013）。例如，缅怀死者、增长知识、反思生命的意义等，特别是地震之旅在防震减灾教育方面的教育功能（Qian，et al，2017；Ryan，Hsu，2011）。游憩价值、出游动机、风险感知、重游意愿、推荐意愿等不同变量之间存在着微妙关系（Chew，Jahari，2014；Kang，et al，2012；Lee，Yoon，2007），但这种隐含关系并不完全清晰。汶川地震纪念地为进一步深入验证上述变量之间的认知结构关系提供了重要契机（Yan，et al，2016）。本章无意于验证上述多个潜变量的认知结构关系，而是聚焦于游憩价值、出游动机、重游意愿三组变量。在文献研究基础上，提出如下研究假设：

H1：地震纪念地的出游决策既是为了满足对“死亡景观”的好奇，也是出于对缅怀逝者的责任心理。

H2：好奇与责任、社会与尊重、知识与教育是选择到地震纪念地旅游的主要动机。

H3：出游动机通过宣泄情绪、了却夙愿以及增长知识对重游意愿造成不同程度的影响。

5.2 研究设计

5.2.1 问卷设计

基于前期探索性研究（Tang，2014a），参考战争遗址、监狱遗址等纪念地游客认知的研究成果，特别关注地震纪念地旅游活动的相关文献编制问卷（Kang，et al，2012；Ryan，Hsu，2011；Winter，2011）。

采用自填式半封闭结构化问卷，以5分制里克特量表为度量尺度，根据出游动机、游后评价与人口学特征设计了三组问题。第一部分与出游动机相关——您选择到地震纪念地旅游的原因是什么？例如“缅怀遇难者”“学习地震知识”“了解地震危害”“了解恢复重建”。第二部分与第三部分从认知体验与情感体验的角度设计测试项。需要注意的是，体验并非本章的研究内容，故未采用这两部分的调研结果。第四部分关于游憩价值认知——“地震之旅”让你收获了什么？例如，“增长防震减灾的知识”。第五部分包括性别、年龄、职业、受教育程度、停留时间、重游意愿等人口学特征问题，以及一项搜集游客对地震纪念地专题旅游建议的开放性问题（附录2）。

5.2.2 数据处理

结构方程模型是近年来探测游客行为变量的重要方法（Nunkoo，Ramkissoon，2012；Nunkoo，Ramkissoon，Gursoy，2013；Nusair，Hua，2010；谢彦君，余志远，2010；高军，等，2012；Shamai，2005）。使用社会科学统计软件包（IBM SPSS Statistics 21.0）与阿莫斯结构方程模型软件（SPSS Amos 21.0）作为定量数据分析工具。采用成对删除法处理缺失值；检验多变量数据的正态性，确认数据符合结构方程运算的前提假设；运用克兰巴赫系数（Cronbach's α）检验数据内部一致性；全部有效问卷被随机平分为两部分，分别用于探索性因子分析与验证性因子分析（Tang，2014b）。

描述性统计分析探测黑色旅游动机与游憩价值的均值排序；正交旋转主成分因子分析对校准样本进行探索性因子分析；验证性因子分析为黑色旅游动机

构建子模型；将子模型与游憩价值及重游意愿组合成一个完整的主模型，并使用拟合指数对模型进行评价。

5.2.3　数据搜集

采用便利抽样法（Convenience sampling）于映秀地震纪念馆、北川地震遗址公园、汉旺地震工业遗址公园，根据工作便利随机选取年龄大于 18 岁的中国籍游客作为调研对象。预调研阶段：2012 年 10 月至 2013 年 1 月投放问卷 255 份。补充调研阶段：2016 年 10 月再次投放问卷 83 份。两阶段共发放问卷 338 份，有效问卷 210 份，有效率为 62.13%。

使用克兰巴赫系数对出游动机与价值认知因子进行信度检验。问卷总体一致性系数分别为 0.706、0.808（$\alpha>0.5$），说明问卷有良好同质稳定性。样本含不同性别、年龄层次、文化程度、收入水平、职业等信息，随机性强，数据可靠。

调研对象主要是受教育程度相对较高的四川本地人。大多数（68.6%）均与四川有一定的社会联系。他们在地震纪念地的停留时间少于 2 天（78.6%）。近一半调研对象接受过本科教育（46.2%），来自青年群体（57.6%）。重游意愿呈现出对半分的特征（表 5−1）。

表 5−1　人口学特征

	个数	百分比/%		个数	百分比/%
性别			职业		
男	113	53.80	学生	70	33.30
女	96	45.70	专业人士	53	25.20
N/A	1	0.5	非专业人士	67	31.90
年龄			其他（待业、退休）	20	9.50
18 岁及以上	27	12.90	*N/A*		
19～30 岁	121	57.60	重游意愿		
31～45 岁	50	23.8	是	104	49.50
46 岁以上	5	2.40	否（含不确定）	101	48.10
N/A	0	0	*N/A*	5	2.40
教育程度			户籍所在地		
大专及以下	108	51.4	四川省内	144	68.6

续表5－1

	个数	百分比/%		个数	百分比/%
本科及以上	97	46.2	四川省外	29	28.1
N/A	4	1.9	N/A	7	3.3
到访次数			停留时间		
第1次	145	69.0	2天及以下	165	78.6
第2次	31	14.8	3～4天	21	10.0
3次及以上	30	14.3	5天及以上	16	7.6
N/A	4	1.9	N/A	8	3.8

5.3 研究结果

5.3.1 描述性统计分析

以“1”为一个步长，将黑色旅游动机与游憩价值划分为3个分值段（表5－2）。黑色旅游动机中，深感责任、悼念逝者、震灾好奇、重建好奇、地震知识（$4<m<5$）属第一分值段，了却夙愿、陪伴亲友、生活好奇、和睦家庭、从众心理、遭遇震灾、教育小孩、逃离日常属第二分值段（$3<m<4$），故地重游属第三分值段（$2<m<3$）。

游憩价值，增长地震知识（$4<m<5$）属第一分值段，宣泄情绪（$3<m<4$）属第二分值段，了却夙愿（$2<m<3$）属第三分值段。

表5－2 黑色旅游动机与游憩价值均值与标准差排序

问卷题目	游客动机因子（Cronbach's α=0.706）	均值（M）	标准差（D）
我有责任了解汶川地震	深感责任（M7）	4.60	0.65
缅怀汶川地震受难者	悼念逝者（M3）	4.52	0.82
想要了解地震对灾区的危害或影响	震灾好奇（M8）	4.38	0.85
想要了解灾后恢复重建的情况	重建好奇（M12）	4.14	0.95
我想要学习地震的知识	地震知识（M1）	4.08	1.03
我早就想到这里旅游	了却夙愿（M6）	3.92	1.19

续表5－2

问卷题目	游客动机因子 (Cronbach's α＝0.706)	均值 (M)	标准差 (D)
陪同亲友前来旅游	陪伴亲友（M5）	3.86	1.21
想要了解灾区老百姓的生活	生活好奇（M14）	3.79	1.11
增进家庭成员之间的感情	和睦家庭（M4）	3.78	1.29
周围很多人都想到这里旅游	从众心理（M11）	3.15	1.18
自己或亲友曾经历了汶川地震	遭遇震灾（M9）	3.08	1.63
带孩子来学习地震知识	教育小孩（M2）	3.06	1.73
远离日常生活	逃离日常（M10）	3.00	1.24
曾经来过，故地重游	故地重游（M13）	2.27	1.43
	价值认知因子 (Cronbach's α＝0.808)		
增长了关于地震的知识	增长地震知识（B1）	4.36	0.88
缓解了对地震的不好记忆或恐惧	宣泄情绪（B10）	3.61	1.12
了却了故地重游的夙愿	了却夙愿（B13）	2.96	1.54

5.3.2　探索性因子分析

抽样适当性检验值（KMO）（0.71）在 0.5～1.0 之间，巴特莱特球形检验值（Bartlett）（χ^2＝478.38，df＝55，P＜0.001），表明适合做因子分析。3 个主成分因子累计解释方差比例为 57.583%，数据可靠、一致性强（0.70＞α＞0.59）。悼念逝者（M3）、遭遇震灾（M9）和故地重游（M13）或载荷低于 0.5，或在两个主因子的载荷均较高而被删除。结果显示，好奇与责任（Factor 1）、社会与尊重（Factor 2）、教育与家庭（Factor 3）是前往地震纪念地 3 个维度的主要黑色旅游动机（表 5－3）。

表 5－3　黑色旅游动机因子分析

变量名称	探索性因子分析（EFA）			验证性因子分析（CFA）		
	因子载荷			SMC	SRW	t－value (C. R.)
Factor 1：好奇与责任						
深感责任（M7）	0.77			0.24	0.49	102.28

续表5-3

变量名称	探索性因子分析（EFA）			验证性因子分析（CFA）		
	因子载荷			SMC	SRW	t-value（C. R.）
震灾好奇（M8）	0.78			0.28	0.53	75.10
重建好奇（M12）	0.71			0.53	0.72	63.39
生活好奇（M14）	0.62			0.29	0.53	49.32
Factor 2：社会与尊重						
陪伴亲友（M5）		0.71		0.24	0.49	46.07
了却夙愿（M6）		0.78		0.39	0.62	47.91
逃离日常（M10）		0.55		0.34	0.58	35.13
从众心理（M11）		0.75		0.58	0.76	38.61
Factor 3：知识与教育						
和睦家庭（M4）			0.73	0.652	0.807	42.34
教育小孩（M2）			0.87	0.283	0.532	25.74
初始特征值	2.78	2.10	1.24			
解释方差（%）	25.27	19.12	11.29			
累积解释方差（%）	25.27	44.38	55.66			
α 系数	0.68	0.70	0.59			

注：SMC（Squared Multiple Correlations）：平方复相关系数；SRW（Standardized Regression Weights）：标准化路径系数；t-value（C. R.）（Critical Ratio）：临界比率。

5.3.3 验证性因子分析

5.3.3.1 模型测试

采用验证性因子分析，为黑色旅游动机变量构建子模型，检验探索性因子分析结果，并根据拟合指数以及理论依据对拟合模型作必要修正。例如，在深感责任（M7）与震灾好奇（M8）2个可测变量的残差变量（e _ t7↔e _ t8）间增加一条相关路径，减少卡方值。黑色旅游动机子模型共计28个变量，其中10个观测变量和18个非观测变量（含残差变量14个）。经修正，模型拟合较好（$\chi^2/df=1.661$，RMSEA=0.056，NFI=0.883，IFI =0.950，CFI=0.948）。观测变量的标准化估计值（0.491<SRW<0.807）、平方复相关系数（0.241<SMC<0.652）符合标准，能够较好地解释相应的非观测变量。

为黑色旅游游客动机因子、价值认知因子以及重游意愿构建结构方程模型，并对模型作必要修正。模型共计 36 个变量。其中，观测变量包括 10 个动机因子，增长地震知识（B1）、宣泄情绪（B10）、了却夙愿（B13）3 个游憩价值因子以及 1 个重游意愿因子。22 个非观测变量含好奇与责任等 4 个主成分动机因子以及 18 个残差变量。经模型修正，整体最优模型各拟合参数均符合标准（χ^2/df=1.307，RMSEA=0.038，NFI=0.841，IFI =0.957，CFI=0.954）。

5.3.3.2　假设验证

观察结构方程模型中的标准化路径系数、临界比率等，验证研究假设的真实性（表 5—4，图 5—1）。第一，好奇与责任（Factor 1）、社会与尊重（Factor 2）、知识与教育（Factor 3）对出游动机（Factor 4）的影响均达到显著水平（0.322<SRW<0.69，2.51<t<2.71，P 值在 0.05 或 0.01 水平上显著）。因此，研究假设（H2）“好奇与责任、社会与尊重、知识与教育是选择到地震纪念地旅游的主要动机”得到支持。第二，出游动机（Factor 4）对 3 个游憩价值因子的影响均为显著。其中，对宣泄情绪（B10）的影响最为明显，路经系数达到 0.633，t 检验值在 0.05 水平上显著；其次为增长地震知识（B1）（SRW=0.48，t=2.64，P=0.008）；最后是了却夙愿（B13）（SRW=0.40，t=2.54，P=0.011）。第三，出游动机（Factor 4）通过了却夙愿（B13）对重游意愿（Revisit）造成影响（SRW=0.193，t=2.704，P=0.007），但出游动机并未通过宣泄情绪（B10）和增长地震知识（B1）对重游意愿造成显著影响，其 t 检验值在 0.05 与 0.01 水平上均不显著。由此，仅能部分支持研究假设（H3）。

表 5—4　最优模型路径系数估计

			S. E.	C. R.	*P*	SRW
Factor _ 1	←	Factor _ 4	0.11	2.51	0.009	0.32
Factor _ 3	←	Factor _ 4	1.40	2.51	0.012	0.68
Factor _ 2	←	Factor _ 4	1.20	2.71	***	0.69
B10	←	Factor _ 4	1.33	2.76	0.006	0.63
B13	←	Factor _ 4	1.27	2.54	0.011	0.40
B1	←	Factor _ 4	0.82	2.64	0.008	0.48
M8	←	Factor _ 1	0.16	4.74	***	0.54
M12	←	Factor _ 1	0.23	4.87	***	0.70
M14	←	Factor _ 1	0.40	4.54	***	0.54
M7	←	Factor _ 1	0.12	4.54	***	0.51
M5	←	Factor _ 2	0.11	5.97	***	0.49

续表5—4

			S. E.	C. R.	*P*	SRW
M6	←	Factor _ 2	0.11	7.26	***	0.63
M10	←	Factor _ 2	0.11	6.71	***	0.57
M11	←	Factor _ 2	0.26	5.97	***	0.77
M2	←	Factor _ 3	0.22	4.72	***	0.58
M4	←	Factor _ 3	0.20	4.72	***	0.74
Revisit	←	B13	0.04	2.70	0.007	0.19
Revisit	←	B10	0.06	−0.42	0.674	−0.03
Revisit	←	B1	0.07	−1.24	0.214	−0.09

注：S. E.（Standard Estimates）：标准化估计值；C. R.（Critical Ratio）：临界比率；*P*（Probability）：显著性概率；***表示在 0.001 水平上显著；SRW（Standardized Regression Weights）：标准化路径系数。

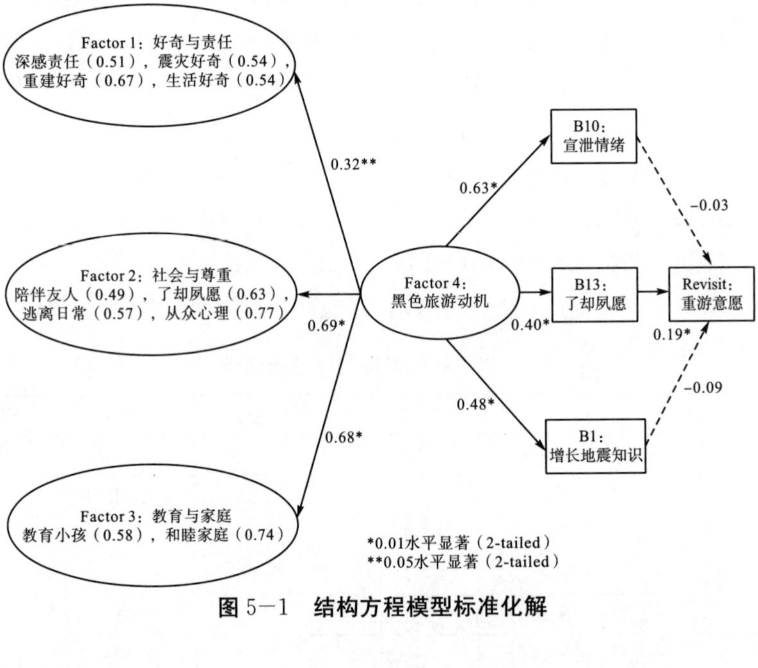

图 5—1　结构方程模型标准化解

5.4　本章小结

地震纪念地所开展的黑色旅游活动发挥了警示后世，记住历史，记住人类所遭受的苦难，记住中国各族人民在这次灾难中表现出的患难与共的伟大精神的重要社会功能（方一平，2008）。正是这种独特性，构成了将汶川地震纪念地游客认知作为研究对象的特殊之处。从“旅游者凝视”的视角，采用实证研究设计，构建结构方程模型，取得如下主要认识：

第一，好奇与责任（Factor 1）维度表明黑色旅游动机具有综合性特征（Tang，2014a），包括了深感责任（M7）、震灾好奇（M8）、重建好奇（M12）、生活好奇（M14）4项因子。支持地震纪念地的出游决策既是为了满足对“死亡景观”的好奇，也是出于对缅怀逝者的责任心理（H1）。研究结论支持将参加地震之旅的游客划入有着特殊出游动机的群体（Hartmann，2014）。

第二，描述性统计分析初步探究了黑色旅游动机与游憩价值因子的基本结构。深感责任、悼念逝者、震灾好奇、重建好奇、地震知识位于第一分值段，由此说明它们是前往地震纪念地最为重要的黑色旅游动机，而增长地震知识是最为显著的游憩价值认知。在此基础上，探索性因子分析结论表明，研究假设（H2）“好奇与责任、社会与尊重、知识与教育是选择到地震纪念地旅游的主要动机”得到支持（Belhassen，et al，2008；Chen，et al，2012；Coats，2013；Ryan，Hsu，2011）。需要注意的是，“缅怀死难者”（深感责任、悼念逝者）与对“死亡景观”的好奇（震灾好奇、重建好奇）相比较，在旅游决策中的作用更为突出（Dunkley，et al，2011）。

第三，出游动机（Factor 4）对游憩价值因子有着不同程度的影响，并通过了却夙愿（B13）对重游意愿造成影响，从而明确了了却夙愿所起到的中介变量的作用，但仅能部分支持研究假设（H3）。具体而言，出游动机对游憩价值有着不同程度的影响，对宣泄情绪的影响最为明显，其次为增长知识，最后是了却夙愿。“动机、价值与重游意愿”的认知结构特征与“动机、满意度与重游意愿”的研究范式具有相似之处。换言之，了却夙愿与重游意愿的关系类似于满意度对重游意愿所产生的正向影响，或者说了却夙愿作为地震之旅的游憩价值认知在出游动机与重游意愿之间扮演着中介变量的作用。简言之，动机越强烈，愿望达成越彻底，越能强化重游意愿（Kidron，2013；Tang，2014a）。

上述研究结论的重要意义在于深入揭示了黑色旅游动机、游憩价值与重游意愿之间的认知结构关系。虽然出游动机能够通过了却夙愿对重游意愿造成较为显著的影响，但并未通过宣泄情与增长知识对重游意愿造成显著影响。鉴于宣泄情绪与增长知识对重游意愿的关系并不密切，其原因还有待进一步讨论。

第 6 章　地震纪念性景观知觉对灾区地方感的影响

地震纪念性景观是灾难的记录与情感表达，其空间生产对地方的重构、再现和超越必须考虑多个面向。

首先是面向人文主义地理学与后人文主义地理学，注重地方的主观建构过程和强调从个体的情感经验透视地方（Relph，1976；Tuan，1974，1977）。按照现象学的观点，地方是景观体验的场域（Relph，1976）。由此，地方建构是现象学与地理学视域下恋地情结、敬地情结，特别是地方认同、地方依恋、地方依赖与地方归属感等地方感变量响应灾区场域人地关系不断调整的结果（Brown，Raymond，2007）。然而，对于灾区场域中纪念性景观、“死亡景观”（Death－scape）的情感体验，既有基于正面情感联结的地方感，也可有疏离感、焦虑感、恐惧感、耻辱感等负面的“无地方性”特征（Placelessness）（Relph，1976；Tuan，1979）。由此，地震纪念性景观空间生产视域下的地方感是否构成了地方本性，即空间上不可迁移性和唯一性，这是需要思考的首要问题。

其次是面向结构主义地理学，强调地方是社会实践的“结构过程”。地方建构被视为地震纪念性景观空间生产及其驱动下的地方性重构与转换的过程。一方面，文本、地名、影像、展品、纪念碑、纪念馆等不同尺度、类型的地震纪念性景观的空间化叙事结构及其表征，共同为灾区的地方性建构发挥作用（朱竑，钱俊希，封丹，2010）；另一方面，灾区场域中“阅读者”与空间的感知互动，涉及“阅读者”情绪的调动，强调人参与到故事情节之中（Bruner，Goodnow，Austin，1956）。对于地震纪念性景观的空间化叙事结构及其表征在灾区地方性建构中所发挥的作用，本书在地震纪念性景观空间生产（第 3 章）和地震纪念性景观系统（第 4 章）两章中有所涉及，故本章将重点关注地方建构的主观过程，转而从灾区纪念性空间与活动空间的关系入手，探讨地震纪念性景观如何引导感知、审视纪念性空间中人的行为。

6.1　研究设计

6.1.1　问卷设计

基于前期探索性研究，参考战争遗址、监狱遗址等纪念地游客认知的研究成果，特别关注地方感与景观知觉测量的相关文献（Brown，Raymond，2007；Brown，Raymond，Corcoran，2015；Fyhri，Jacobsen，Tømmervik，2009；Hernández，et al，2007；Hidalgo，Hernández，2001；Jorgensen，Stedman，2001；Soini，Vaarala，Pouta，2012），以5分制里克特量表为度量尺度，设计自填式半封闭结构化问卷（Self－administred semi－structured questionaire）。量表由调查对象人口学特征、参观动机、景观知觉、地方感、迁居意愿等测试项，以及一项开放式问题组成。鉴于当地居民与游客在视角上的差异性，有必要在问卷设计上予以区分，故分别编制发放给居民的问题（以下简称“居民问卷”）与发放给游客的问卷（以下简称“游客问卷”）（附录3，附录4）。

“居民问卷”包括景观知觉（景观评价、景观知觉）两组问题，以及地方感特征与迁居意愿两组关键性测试项。“游客问卷”除了景观知觉的两组问题与地方感特征选项，还增加了参观动机与游憩价值。鉴于本章的研究目的在于揭示地震纪念性景观知觉为核心的地方感形成过程，而旅游动机和游憩价值两组问题的测量目的与此关键问题的指向偏离，且在第5章已有所涉及，故不再对这两组问题作分析与讨论。显然，景观知觉与地方感对于当地居民与游客均有测量的意义，而参观动机与游憩价值更符合针对游客的测量需求，但对于当地居民没有显著的测量必要。相较而言，迁居意愿是针对居住在汶川地震灾区的当地居民设置的选项，因而居住在灾区以外的游客无须填写此项。

6.1.1.1　景观知觉测试项

景观知觉（Landscape cognition）分别由景观评价（Landscape preferences）与景观感知（Landscape perception）两组问题予以测量。本研究中，地震纪念性景观评价测试项反映了调研对象对于评价对象的选择偏好特征（Singh，et al，2018），而地震纪念性景观感知测试项反映了地震景观作用下的灾区环境知觉特征或基本态度（Soini，et al，2012）。第一组问题：你如何评价地震纪念性景观？第二组问题：提到以上地震纪念性景观，你的感受是？

第一组问题分别描述了地震遗址区、地震纪念馆、纪念广场、纪念林地、纪念碑、地震实物展地震纪念活动等 20 项代表性地震纪念性景观。本组问题量表的方向或强度描述语分别是非常糟糕（1）、较糟糕（2）、一般（3）、较好（4）、非常好（5）。鉴于文献没有直接针对地震纪念性景观评价的量表可供直接使用，故主要参考斯堪的纳维亚滨海景观与乡村景观评价量表的设计思路（Fyhri，et al，2009；Soini，et al，2012），结合第 4 章对于地震纪念性景观宏观（地震遗址区、地震纪念馆等）、中观（纪念广场、纪念公园等）与微观（纪念雕塑、纪念碑）尺度的划分方案，并在测试项的选取上尝试突破实体形态纪念性景观的制约，将地震纪念活动等抽象的纪念性景观纳入评估。

第二组问题含 10 个两维度测试项（Two－dimensional pattern）。采用“害怕—不害怕”“无关紧要—非常重要”等相互矛盾的形容词，刻画调研对象对地震纪念性景观的感知特征。乡村景观评价量表为本组问题提供了重要参考（Soini，et al，2012），并结合地震纪念性景观具有的“死亡景观”（Death－scape）和“恐怖景观”（Landscape of fear）的特质（Ashworth，2002a；Tuan，1979），增加了“害怕—不害怕”“压抑—振奋”两组测试项（表 6－1）。

表 6－1　景观感知测试项设计思路

参考项	测试项	备注
—	害怕—不害怕	新增
unmanaged—managed	保护得很差—保护得很好	
insignificant—important	无关紧要—非常重要	
boring—stimulating	无趣—有趣	
ordinary—distinctive	普通—特别	
human altered—pristine	人工建造—自然形成	
stressful—relaxing	紧张—放松	
obscure—clear	印象模糊—印象深刻	
unsafe—safe	不安全—安全	
—	压抑—振奋	新增

6.1.1.2　地方感测试项

第三部分是关于地方感的测试项。地方感测量既有使用三维、两维量表的情况，也有涉及五维量表的情形（Jorgensen，Stedman，2001；Lengen，Kistemann，2012；Scannell，Gifford，2010；Williams，2014；Williams，Vaske，2003）。我们无意于鉴别不同维度地方感量表的优劣，仅从课题研究之需，依照地方认同、地方依恋、地方依赖三个维度，设计了 13 个问题。需要注意的是，针对当地居民与游客编写的地方感测试项存在差异。这主要是充分考虑到这两类调研对象与地震灾区的情感联系、社会纽带、居住关系等均存在明显不同，故有必要在地方感测试项的设置上有所区别与侧重（Hernández，et al，2007）。

针对当地居民的引导性问题是“如何评价你居住的城镇”。其中，地方依恋包括 5 个测试项，代表性问题：这个地方带给我许多回忆；我对这个地方很有感情。地方认同含 4 个测试项，代表性问题：这个地方是我的家乡；住在这里让我感到自在。地方依赖含 4 个测试项，代表性问题：这里的生活环境比其他地方都好；如果搬到其他地方住，我会非常难过（表 6−2）。

表 6−2　当地居民地方感测试项设计思路

测试项	参考项
我对这个地方很有感情	I am very attached to this place
住在这里让我感到自在	This place makes me feel relaxed
如果搬到其他地方住，我会非常难过	Would be disappointed if it did not exist
如果长时间到外地，我会非常想念这里	I miss this place when I'm away
我已融入了当地生活	I feel like this place is a part of me
这里是我成长的地方	This place says a lot about who I am
这个地方是我的家乡	I identify strongly with this place
这个地方带给我许多回忆	I think a lot about coming here
这个地方对我有特别的意义	This place is very special to me
我在这里比在其他地方生活得更好	Meets my needs better than any other location
这里的生活环境比其他地方都好	No other place can compare to this area
没有任何地方比这里更好	I can't imagine a better place for what I like to do
这里是我最愿意住的地方	This is the best place for what I like to do

针对游客的引导性问题是“你如何看待地震纪念遗址（灾区）”。其中，地方依恋包括 5 个测试项，代表性问题：我对地震灾区很有感情；我有故地重游的感觉。地方认同含 4 个测试项，代表性问题：地震遗址带给我许多回忆；地

震遗址的命运与我息息相关。地方依赖含 4 个测试项，代表性问题：没有任何地震纪念地比这里更重要；这处地震遗址是我最想祭奠遇难者/参观之处（表 6－3）。

表 6－3　外地游客地方感测试项设计思路

测试项	参考项
我对地震灾区很有感情	I am very attached to this place
我有故地重游的感觉	I identify strongly with this place
如果地震遗址消失，我会非常难过	Would be disappointed if it did not exist
如果长时间不来这里，我会非常想念	I miss this place when I'm away
我感到自己融入了精神家园	I feel “X” is a part of me
参观地震遗址让我认识了自我	Visiting “X” says a lot about who I am
地震遗址的命运与我息息相关	“X” means a lot to me
地震遗址带给我许多回忆	I think a lot about coming here
地震遗址对我有特别的意义	“X” is very special to me
我只想到这处地震遗址参观/祭奠逝者	Doing what I do at “X” is more important to me than doing it in any other place
这处遗址比其他地震遗址更值得参观/祭奠逝者	No other place can compare to this area
没有任何地震纪念地比这里更重要	I wouldn't substitute any other area for doing the types of things I do at “X”
这处地震遗址是我最想祭奠遇难者/参观之处	“X” is the best place for what I like to do

6.1.1.3　迁居意愿

迁居意愿部分的引导性问题是“如果你或你的家人、街坊搬到外地住，你的态度是什么”。本部分针对当地居民设计，9 个测试项测量调研对象对于个人、家人或街坊，以及镇上的熟人搬离惯常居住环境所持的态度。迁居意愿区分为个体依恋（General attachment）、社会性依恋（Social attachment）与物质性依恋（Physical attachment）三个层次（维度），并将其置于家、小区（社区）、城镇三个不同的空间尺度予以考察（Hernández，et al，2007；Hidalgo，Hernández，2001）。个体依恋是调研对象在面临其搬家到外地、搬离社区（小区）或城镇假设时的情感依恋特征，表现为是否愿意单独到外地生活、是否愿意搬离熟悉的小区或城镇。社会性依恋是调研对象在家人、街坊、镇上的熟人可能搬家到外地、搬离社区（小区）或城镇时的情感依恋特征，表现为“我不希望家人独自到外地生活”“如果熟悉的街坊搬家到外地会使我很感伤”“如果镇上的熟人搬家到外地会使我很感伤”。物质性依恋是调研对象在本人及家人、街坊与镇上的熟人都搬家到外地、搬离社区（小区）或城镇假设时的情感依恋特征，表现为“我不愿意搬离现在熟悉的城镇”“如果镇上的熟人搬家到外地会使我很感伤”“如果我和镇上的熟人都搬家会让我很感伤”（表 6−4）。

表 6−4　迁居意愿量表设计思路

迁居意愿维度划分	测试项
个体对家的依恋/General attachment to house	我不太愿意一个人到外地生活/I would be sorry to move out of my house，without the people I live with
家的社会性依恋/Social attachment to house	我不希望家人独自到外地生活/I would be sorry if the people I lived with moved out without me
家的物质性依恋/Psysical attachment to house	我不愿意和家人搬到外地生活/I would be sorry if I and the people I lived with moved out
个体对小区的依恋/General attachment to neighbourhood	我不愿意搬离现在熟悉的小区/I would be sorry to move out of my neighbourhood，without the people who live there
社区的社会性依恋/Social attachment to neighbourhood	如果熟悉的街坊搬家到外地会使我很感伤/I would be sorry if the people who I appreciated in the neighbourhood moved out
社区的物质性依恋/Psysical attachment to neighbourhood	如果我和熟悉的街坊都搬家会让我很感伤/I would be sorry if I and the people who I appreciated in the neighbourhood moved out
个体对城镇的依恋/General attachment to city/town	我不愿意搬离现在熟悉的城镇/I would be sorry to move out of my city，without the people who live there
城镇的社会性依恋/Social attachment to city/town	如果镇上的熟人搬家到外地会使我很感伤/I would be sorry if the people who I appreciate in the city moved out
城镇的物质性依恋/Psysical attachment to city/town	如果我和镇上的熟人都搬家会让我很感伤/I would be sorry if I and the people who I appreciate in the city moved out

6.1.1.4　人口学特征

人口学特征涵盖了调研对象的常住地、性别、年龄、学历、职业、本地居住时间（针对当地居民）、地震遗址旅游的次数（针对游客）。开放式问题请受访对象填写对地震旅游支持与否的原因及其他建议。

6.1.2 数据处理

使用社会科学统计软件包（IBM SPSS Statistics 21.0）与阿莫斯结构方程模型软件（IBM SPSS Amos 21.0）作为定量数据分析工具。景观知觉、地方感、迁居意愿与认知结构关系的数据处理步骤与过程如下所示。

景观知觉：首先将灾区居民与外地游客数据合并，共计 843 份有效问卷，并综合使用描述性统计分析、频次分析探测地震纪念性景观知觉的总体特征。其次是采用独立样本 T 检验，测试灾区居民与外地游客两组样本分别代表的景观评价与景观感知测试项的均数是否存在显著差异。

地方感：本节将着力解答以下两组问题：一是地方感具有什么样的维度特征？二是基于地方感主成分因子能够将受访对象划分为哪几种类型的人群？几类人群在人口学特征变量上是否存在显著差异？首先，运用 KMO 检验值和 Bartlett 球形检验值（KMO and Bartlett's Test）探测地方感变量是否适合做因子分析；其次，采用主成分因子分析（Principal Component Analysis）对数据进行降维处理；第三，采用逐步聚类分析（K－Means Cluster Analysis）揭示实验数据聚类分组特征；最后，运用采用列联表分析（Contingency Table Analysis），检验几类人群在人口学特征变量上是否存在显著差异。

迁居意愿：假设受访者将搬离惯常的居住环境（家、社区、城镇），此时他们才能更为真切地表达出对于地方依恋的真实态度。由此，本节将着力解答以下两组问题：第一，受访者在迁居意愿假设测试项上是否表现出较强的地方依恋特征？总体依恋、社会关系依恋、居住环境依恋在对应的家、居住区和城镇三个不同尺度上有着什么样的维度特征？第二，北川、汉旺、映秀及四川省内其他地区的受访对象在哪些迁居意愿假设测试项上表现出什么样的差异化的地方依恋？首先运用克兰巴赫系数（Cronbach's α）检验数据内部一致性，其次是使用单一样本 T 检验（One－sample T Test），比较单样本均数与已知总体均数是否存在差别，再次是采用方差齐性 Levene 检验（Test of Homogeneity of Variances）与单样本 Kolmogorov－Smirnov 检验（One－Sample Kolmogorov－Smirnov Test）探测数据是否具有方差齐性及属于正态分布，最后是使用单因素方差分析（One Way ANOVA）与多重比较（Multiple Comparisons）揭示迁居意愿的差异性特征。

认知结构：首先，使用选择个案命令将 512 份灾区居民问卷随机分为两个部分，其中 DATA1 包含 261 份问卷、DATA2 包含 251 份问卷。其次，基于 DATA1，使用探索性因子分析（Exlplorary factor analysis），分别探测地方感与景观评价因子的维度特征。第三，采用缺失值临近点的中位数对 DATA2 数据作缺失值处理，并使用验证性因子分析（Confirmatory factor analysis），检验地方感与景观评价因子所组成的两个测量模型的信度与效度。第四，基于理论假设，构建结构方程模型，根据拟合指数对模型进行评价，参考修正指数（Modification index）与临界比率（Critical ratio）对模型予以修正。最后，对模型的直接效应、间接效应以及总效应做出解释。

6.1.3　数据搜集

本课题的主要调研地点为映秀镇、新北川、老北川、汉旺镇等汶川地震极重灾区的城镇、乡村，以及汉旺地震遗址公园、北川地震遗址博物馆等地震纪念性景观富集的区域。采用便利抽样法（Convenience sampling），根据工作便利随机选取居住在汶川地震灾区城镇、乡村中的当地居民或常住地并非汶川地震灾区的中国籍游客作为调研对象（表 6—5）。

表 6—5　调研问卷统计表

时间	地点	游客有效	游客无效	游客共计	居民有效	居民无效	居民共计	共计
2017/11/05	映秀	32	11	43	21	1	22	65
2017/11/18	新北川	34	5	39	59	6	65	104
2017/11/19	新北川	18	5	23	64	11	75	98
2017/11/25	映秀	38	9	47	49	2	51	98
2017/11/26	映秀	15	11	26	15	0	15	41
2017/11/25	新北川	24	11	35	38	4	42	77
2017/11/26	新北川	20	6	26	40	11	51	77
2017/12/09	汉旺地震遗址	1	1	2	23	12	35	37
2017/12/09	新（老）北川	45	17	62	48	2	50	112
2017/12/10	新（老）北川	50	8	58	18	6	24	82
2017/12/23	汉旺地震遗址	19	3	22	29	4	33	55
2017/12/24	汉旺地震遗址	13	4	17	31	7	38	55
2018/01/11	汉旺地震遗址	4	0	4	29	2	31	35

续表6－5

时间	地点	游客有效	游客无效	游客共计	居民有效	居民无效	居民共计	共计
2018/01/12	汉旺地震遗址	1	1	2	41	7	48	50
2018/01/13	汉旺地震遗址	17	9	26	7	2	9	35
小计		331	101	432	512	77	589	1021

预调研阶段：2017年11月5日—2017年11月19日共投放问卷267份，有效问卷249份。其中，游客问卷105份，有效问卷84份；居民问卷162份，有效问卷144份。正式调研阶段：2017年11月25日—2018年1月13日再次投放754份，有效问卷615份。其中，游客问卷327份，有效问卷247份；居民问卷427份，有效问卷368份。两阶段共发放问卷1021份，有效问卷843份，有效率为82.957%。其中，游客问卷432份，有效问卷331份；居民问卷589份，有效问卷512份。

6.1.4　样本概况

使用克兰巴赫系数（Cronbach's α）分别对居民问卷与游客问卷进行信度检验。其中，居民问卷中景观评价、景观感知、地方感、迁居意愿的总体一致性系数分别为0.930、0.772、0.917、0.880（$\alpha>0.5$）；游客问卷中参观动机、景观评价、景观感知、游憩价值、地方感的总体一致性系数分别为0.860、0.991、0.787、0.921、0.913（$\alpha>0.5$）。由此说明，两份问卷均具有良好同质稳定性。汇总分析得知，样本含不同性别、年龄层次、文化程度、收入水平、职业等信息，随机性强，数据可靠（表6－6）。

灾区居民的调研对象中，女性（57%）略多于男性（39.1%）；就年龄结构而言，多集中于18~44岁年龄段的青年群体（84.5%）；大多接受过高等教育，其中大专及以上学历者占75.7%；学生群体占比较大（50.2%），其次是全职工作者（18.4%）；常住地集中在北川县（50.4%），其次是汉旺镇（29.9%），再次为映秀镇（13.9%）；在本地居住10年以上者占55.5%，5~10年者占18.0%；大多数（81.1%）对地震旅游表达了支持的态度。

表 6-6　灾区居民受访对象人口学特征

变量	频次	百分比/%	变量	频次	百分比/%
性别			学历		
男	200	39.1	中专、初中、小学	226	11.8
女	296	57.8	高中、职高	192	12.5
N/A	16	3.1	大专	44	19.8
年龄			本科	37	32.1
18 岁以下	227	44.3	硕士及以上	2	23.8
18～24 岁	69	13.5	其他	3	0.6
25～34 岁	72	14.1	N/A	8	1.6
35～44 岁	64	12.5	常住地		
45～54 岁	47	9.2	北川县	258	50.4
55～64 岁	12	2.4	汉旺镇	153	29.9
65 岁及以上	19	3.7	映秀镇	71	13.9
N/A	2	0.4	其他	24	4.7
职业			N/A	6	1.2
全职工作	94	18.4	本地居住时间		
兼职工作	16	3.1	1～4 年	112	21.9
学生	257	50.2	5～10 年	92	18.0
自主创业	42	8.2	10 年以上	284	55.5
退休	25	4.9	N/A	24	4.7
待业	23	4.5	是否支持地震旅游		
其他	48	9.4	反对	23	4.5
N/A	7	1.4	无所谓	61	11.9
			支持	415	81.1
			N/A	13	2.5

外地游客作为受访对象遍布全国多个省市和自治区。其中，籍贯为四川的人数最多，达到 281 人，占 84.9%。因此，地震灾区的游客构成属于“四川人游四川”的情况。男性比女性多 8.2 个百分点，其中男性占 52.3%，女性占 44.1%。一半以上受访对象接受过高等教育，其中大专及以上学历者占

61%。就年龄结构而言，多集中于18~44岁年龄段的中青年（64.1%）。受访对象以学生为主（45.9%），其次是全职工作者（35.0%）。超过2/3（71.3%）的游客在地震遗址的停留时间在1天以内，近半数（46.5%）属于首次到访，绝大多数（77.9%）对地震旅游表达了支持的态度，但该项指标略低于灾区居民（81.1%），近半数（44.7）的游客明确表示还会再来（表6−7）。

表6−7　外地游客受访对象人口学特征

变量	频次	百分比/%	变量	频次	百分比/%
性别			学历		
男	173	52.3	中专、初中、小学	44	13.3
女	146	44.1	高中、职高	77	23.3
N/A	12	3.6	大专	70	21.1
年龄			本科	125	37.8
18岁以下	64	19.3	硕士及以上	7	2.1
18~24岁	137	41.4	其他	3	0.9
25~34岁	75	22.7	N/A	5	1.5
35~44岁	29	8.8	停留时间		
45~54岁	9	2.7	1天以内	236	71.3
55~64岁	9	2.7	2天	37	11.2
65岁及以上	2	6	3天及以上	48	14.5
不回答	1	0.3	N/A	10	3.0
N/A	5	1.5	到地震遗址旅游的次数		
职业			1次	154	46.5
全职工作	116	35.0	2次	71	21.5
兼职工作	4	1.2	3次及以上	97	29.3
学生	152	45.9	N/A	9	2.7
自主创业	19	5.7	是否支持地震旅游		
退休	5	1.5	反对	23	6.9
待业	8	2.4	无所谓	42	12.7
其他	20	6.0	支持	258	77.9

续表6－7

变量	频次	百分比/%	变量	频次	百分比/%
N/A	7	2.1	N/A	8	2.4
常住地			是否选择再来旅游		
省内	281	84.9	不想再来了	11	3.3
省外	40	12.1	还不能确定	165	49.8
N/A	10	3.0	是的，我会再来	148	44.7
			N/A	7	2.1

6.2　景观知觉

6.2.1　地震纪念性景观知觉总体特征

6.2.1.1　地震纪念性景观评价均值排序

地震纪念性景观评价均值降序排列结果显示：整体上，20 个测试项及其均值（$M=3.90$）大于 5 分制量表的均值（$M=2.5$）。由此说明，大多数调研对象对于全部地震纪念性景观的评价均较好。

以全部测试项的均值（$M=3.90$）作为分段指标，将其划分为两个分值段。地震纪念馆、地震博物馆、地震图片展等 11 个测试项位于第一分值段（$5.00>M\geqslant 3.90$）；地震纪念活动、纪念碑等 9 个测试项位于第二分值段（$3.90>M>3.70$）。其中，地震博物馆（$M=4.07$）与地震纪念馆（$M=4.03$）、地震图片展（$M=4.01$）排名前三位，且有超过 70%的受访对象选择了“较好”或“非常好”的评价项。由此说明，受访对象对地震博物馆、地震纪念馆、地震图片展有着较为正面的认知和评价。相较而言，地震导游词/导游手册（$M=3.74$）、地震遗址区（$M=3.78$）、纪念林地（$M=3.80$）这三项的均值排名垫底。其中，9.5%的受访对象认为地震导游词/导游手册“非常糟糕”或“较糟糕”，29.6%认为一般；就地震遗址区而言，7.2%的受访对象给出了非常负面的评价（“非常糟糕”或“较糟糕”），26.1%选择了中性评价（“一般”）。

进一步观察表明，均值排名处于第一分值段的测试项均是灾后重建中规划建设的项目，更多地体现了对防震减灾等科普知识的宣传和展示以及抗震救灾等灾害记忆的传承。例如，地震博物馆、地震纪念馆、地震图片展、地震实物展、地震展览馆等。相较而言，遇难者公墓、地震遗址区、祭奠园等处于第二分值段的测试项直接与地震灾难的真实场景发生联系，更为直观地展现了地震灾难，特别是天灾人祸的残酷。令人颇感遗憾的是，它们的均值得分均相对较低，特别是作为地震灾难真实记录的地震遗址，其均值得分排名倒数第二。一方面，上述地震纪念性景观的保护与展示方式可能直接影响了受访对象的评价；另一方面，可能与黑色旅游活动的负面影响有关。例如，地震导游词/导游手册的内容可能存在伦理方面的问题和争议，直接导致参与调研的灾区居民产生了较为强烈的负面认知和评价（表6－8）。

表6－8　调研对象地震纪念性景观评价均值排序

测试项	人数（N）	均值（M）	标准差（D）	有效百分比/%（VF）				
				非常糟糕	较糟糕	一般	较好	非常好
地震博物馆	807	4.07	0.818	0.6	2.1	20.2	44.0	33.1
地震纪念馆	819	4.03	0.834	1	2.7	19.2	46.3	30.9
地震图片展	807	4.01	0.911	1.5	4.0	20.2	40.9	33.5
地震实物展	812	3.97	0.900	1.0	4.1	24.0	39.0	31.9
地震展览馆	797	3.97	0.863	1.0	2.9	24.2	42.2	29.7
纪念广场	808	3.96	0.913	1.5	3.7	23.5	39.6	31.7
纪念雕塑	798	3.94	0.902	1.4	4.0	23.7	41.4	29.6
地震视频/音频	811	3.94	0.971	1.91.7	5.2	24.5	34.8	33.8
地震科普馆	800	3.93	0.858	1.1	2.5	26.3	42.5	27.6
纪念碑	804	3.92	0.892	1.4	3.4	25.5	41.0	28.7
纪念公园	793	3.90	0.889	1.4	3.7	26.0	42.0	27.0
M=3.90								
地震纪念活动	810	3.89	0.997	2.3	6.2	23.5	36.7	31.4
纪念牌	785	3.88	0.918	1.3	5.0	26.5	39.4	27.9
地震宣传标语	801	3.87	0.937	1.6	5.5	25.2	40.0	27.7
解说牌	802	3.86	0.875	1.1	4.1	27.3	42.8	24.7
遇难者公墓	796	3.85	0.933	1.5	5.3	27.4	38.6	27.3
祭奠园	791	3.82	0.894	0.8	5.4	30.0	39.2	24.7

续表6－8

测试项	人数（N）	均值（M）	标准差（D）	有效百分比/%（VF）				
				非常糟糕	较糟糕	一般	较好	非常好
纪念林地	795	3.80	0.877	1.3	4.3	30.1	42.0	22.4
地震遗址区	821	3.78	0.970	4.3	2.9	26.1	44.1	22.7
地震导游词/导游手册	794	3.74	0.996	2.6	6.9	29.6	35.9	24.9

6.2.1.2 地震纪念性景观感知均值排序

地震纪念性景观感知均值降序排列结果显示：10 个测试项及其均值（M=3.54）大于 5 分制量表的均值（M=2.5）。由此说明，大多数调研对象对于灾区环境的评价较好。

无关紧要—非常重要、印象模糊—印象深刻等 5 个测试项位于第一分值段（5.00>M> 3.54）；无趣—有趣、人工建造—自然形成等 5 个测试项位于第二分值段（3.54>M>2.90）。其中，超过 60%的受访对象倾向于认为地震纪念性景观非常重要，让人印象深刻，即他们在上述测试项上的选择为 4～5 分；超过 50%的受访对象倾向于认为地震纪念性景观是安全的，保护良好，且“特别”。相较而言，地震纪念性景观使得约 20%的受访对象出现负面情绪，让他们感到压抑、紧张，倾向于认为地震纪念性景观人工建造的痕迹过重。虽然有超过半数（52.7%）的受访对象认为地震纪念性景观有趣，但仍有 17.8%的人认为无趣（表 6－9）。

表 6－9 调研对象地震纪念性景观感知均值排序

测试项	人数（N）	均值（M）	标准差（D）	有效百分比/%（VF）				
				1	2	3	4	5
无关紧要—非常重要	799	3.97	1.184	4.5	8.6	18.8	21.8	46.3
印象模糊—印象深刻	805	3.83	1.190	5.0	9.1	23.6	22.7	39.6
不安全—安全	816	3.70	1.236	7.5	8.7	24.8	24.4	34.7
缺乏保护—保护良好	808	3.67	1.259	8.4	9.4	22.6	26.1	33.4
普通—特别	805	3.65	1.151	6.0	8.6	28.4	28.7	28.3
……… M=3.54 ………								
无趣—有趣	807	3.52	1.192	8.1	9.7	29.6	28.0	24.7

续表6—9

测试项	人数（N）	均值（M）	标准差（D）	有效百分比/%（VF）				
				1	2	3	4	5
人工建造—自然形成	802	3.49	1.273	9.7	11.2	27.2	23.8	28.1
害怕—不害怕	818	3.41	1.427	14.9	11.2	25.4	14.8	33.6
紧张—放松	812	3.21	1.299	13.3	14.3	30.8	21.7	19.8
压抑—振奋	821	2.99	1.307	17.9	16.0	31.8	18.1	18.2

6.2.2 地震纪念性景观知觉差异特征

6.2.2.1 地震纪念性景观评价差异特征

独立样本 T 检验（Indenpend−Sample T Test）测试结果表明：灾区居民与外地游客两组样本对地震展览馆、地震科普馆、遇难者公墓、祭奠园、纪念林地、纪念碑、纪念牌、纪念雕塑、解说牌、地震宣传标语、地震导游词/导游手册、地震纪念活动这12项地震纪念性景观评价均值存在显著差异。让人颇感意外的是，外地游客对地震遗址区、地震展览馆等上述12项地震纪念性景观的评价得分无一例外地高于灾区居民的评价值。相较于外地游客，灾区居民似乎用更加挑剔的眼光审视上述地震纪念性景观项，但二者在地震遗址区、地震纪念馆、地震博物馆、纪念公园、纪念广场、地震实物展、地震图片展、地震视频/音频这8个测试项上的评分较为一致（表6—10）。

表6—10 地震纪念性景观评价分组统计量

	调研对象	N	均值（M）	标准差（D）	均值的标准误（SE $mean$）	Sig.双侧（P）	方差齐性假设
地震遗址区	灾区居民	499	3.76	1.003	0.045	0.508	假设方差相等
	外地游客	322	3.81	0.917	0.051	0.500	假设方差不相等
地震纪念馆	灾区居民	500	4.05	0.815	0.036	0.395	假设方差相等
	外地游客	319	4.00	0.863	0.048	0.401	假设方差不相等
地震博物馆	灾区居民	486	4.03	0.824	0.037	0.132	假设方差相等
	外地游客	321	4.12	0.807	0.045	0.131	假设方差不相等
地震展览馆	灾区居民	485	3.90	0.880	0.040	0.009	假设方差相等
	外地游客	312	4.07	0.829	0.047	0.008	假设方差不相等

续表6－10

	调研对象	*N*	均值（*M*）	标准差（*D*）	均值的标准误（*SE mean*）	Sig. 双侧（*P*）	方差齐性假设
地震科普馆	灾区居民	488	3.87	0.888	0.040	0.012	假设方差相等
	外地游客	312	4.03	0.802	0.045	0.010	假设方差不相等
纪念广场	灾区居民	490	3.95	0.947	0.043	0.647	假设方差相等
	外地游客	318	3.98	0.859	0.048	0.640	假设方差不相等
纪念公园	灾区居民	486	3.85	0.942	0.043	0.058	假设方差相等
	外地游客	307	3.97	0.794	0.045	0.049	假设方差不相等
遇难者公墓	灾区居民	486	3.78	0.961	0.044	0.010	假设方差相等
	外地游客	310	3.95	0.880	0.050	0.008	假设方差不相等
祭奠园	灾区居民	482	3.70	0.932	0.042	0.000	假设方差相等
	外地游客	309	4.00	0.798	0.045	0.000	假设方差不相等
纪念林地	灾区居民	484	3.72	0.913	0.041	0.001	假设方差相等
	外地游客	311	3.93	0.804	0.046	0.001	假设方差不相等
纪念碑	灾区居民	495	3.85	0.924	0.042	0.005	假设方差相等
	外地游客	309	4.04	0.827	0.047	0.004	假设方差不相等
纪念牌	灾区居民	480	3.79	0.970	0.044	0.002	假设方差相等
	外地游客	305	4.01	0.815	0.047	0.001	假设方差不相等
纪念雕塑	灾区居民	486	3.87	0.950	0.043	0.014	假设方差相等
	外地游客	312	4.04	0.815	0.046	0.011	假设方差不相等
解说牌	灾区居民	485	3.77	0.901	0.041	0.001	假设方差相等
	外地游客	317	3.99	0.819	0.046	0.001	假设方差不相等
地震宣传标语	灾区居民	484	3.76	0.986	0.045	0.000	假设方差相等
	外地游客	317	4.02	0.836	0.047	0.000	假设方差不相等
地震导游词（导游手册）	灾区居民	485	3.65	1.021	0.046	0.001	假设方差相等
	外地游客	309	3.88	0.939	0.053	0.001	假设方差不相等
地震实物展	灾区居民	492	3.92	0.949	0.043	0.064	假设方差相等
	外地游客	320	4.04	0.816	0.046	0.056	假设方差不相等
地震图片展	灾区居民	492	3.95	0.922	0.042	0.013	假设方差相等
	外地游客	315	4.11	0.886	0.050	0.012	假设方差不相等

续表6－10

	调研对象	*N*	均值（*M*）	标准差（*D*）	均值的标准误（*SE mean*）	Sig. 双侧（*P*）	方差齐性假设
地震视频/音频	灾区居民	493	3.89	1.005	.045	0.103	假设方差相等
	外地游客	318	4.01	0.913	.051	0.096	假设方差不相等
地震纪念活动	灾区居民	494	3.83	1.034	.047	0.034	假设方差相等
	外地游客	316	3.98	0.931	0.052	0.030	假设方差不相等

6.2.2.2 地震纪念性景观感知差异特征

灾区居民与外地游客两组样本对“缺乏保护—保护良好”“普通—特别”“人工建造—自然形成”3项地震纪念性景观感知均值存在显著差异。需要注意的是，在上述3个测试上，外地游客的景观感知值均高于灾区居民，这一情况与前述地震纪念性景观评价结论类似。换言之，外地游客更倾向于认为地震纪念性景观保护良好、特别，属于自然形成，而非人工建造、缺乏保护和普通。然而，灾区居民与外地游客在害怕与否、重要与否、有趣与否、安全与否等7个测试项上的评分保持一致（表6－11）。

表6－11 地震纪念性景观感知分组统计量

	调研对象	*N*	均值（*M*）	标准差（*D*）	均值的标准误（*SE mean*）	Sig. 双侧（*P*）	方差齐性假设
害怕—不害怕	灾区居民	492	3.40	1.462	0.066	0.822	假设方差相等
	外地游客	326	3.42	1.374	0.076	0.820	假设方差不相等
缺乏保护—保护良好	灾区居民	488	3.56	1.307	0.059	0.003	假设方差相等
	外地游客	320	3.83	1.166	0.065	0.003	假设方差不相等
无关紧要—非常重要	灾区居民	486	3.92	1.218	0.055	0.175	假设方差相等
	外地游客	313	4.04	1.129	0.064	0.168	假设方差不相等
无趣—有趣	灾区居民	489	3.47	1.206	0.055	0.163	假设方差相等
	外地游客	318	3.59	1.169	0.066	0.161	假设方差不相等
普通—特别	灾区居民	487	3.57	1.203	0.055	0.015	假设方差相等
	外地游客	318	3.77	1.057	0.059	0.013	假设方差不相等
人工建造—自然形成	灾区居民	482	3.39	1.341	0.061	0.004	假设方差相等
	外地游客	320	3.65	1.149	0.064	0.003	假设方差不相等

续表6－11

	调研对象	N	均值 (M)	标准差 (D)	均值的标准误 ($SE\ mean$)	Sig. 双侧 (P)	方差齐性假设
紧张—放松	灾区居民	489	3.20	1.336	0.060	0.676	假设方差相等
	外地游客	323	3.24	1.241	0.069	0.671	假设方差不相等
印象模糊—印象深刻	灾区居民	485	3.83	1.238	0.056	0.926	假设方差相等
	外地游客	320	3.83	1.114	0.062	0.924	假设方差不相等
不安全—安全	灾区居民	492	3.65	1.283	0.058	0.120	假设方差相等
	外地游客	324	3.78	1.158	0.064	0.112	假设方差不相等
压抑—振奋	灾区居民	497	2.98	1.283	0.058	0.872	假设方差相等
	外地游客	324	3.00	1.343	0.075	0.873	假设方差不相等

6.2.3　地震纪念性景观知觉维度特征

采用主成分因子分析，对地震纪念性景观评价测试项进行降维处理。KMO 检验值（0.926）在 0.5～1.0 之间，Bartlett 球形检验值（$\chi^2=5863.259$，$df=190$，$P<0.001$），表明适合做主成分因子分析（Principal Component Analysis）。使用 Kaiser 标准化正交旋转（Varimax with Kaiser Normalization），经 6 次迭代后收敛，提取出 4 个主成分因子，累计解释方差比例为 61.522%，数据可靠、一致性强（$0.831>\alpha>0.782$）。纪念公园的因子载荷低于 0.5，地震宣传标语在 Factor 1 与 Factor 2 的因子均超过 0.5，故删除。

第一个公因子在地震遗址区、地震纪念馆、地震博物馆、地震展览馆、地震科普馆、纪念广场 6 项变量上载荷较高，命名为“地震遗址与纪念场馆”（Factor 1）；第二个公因子包含地震导游词/导游手册、地震实物展、地震图片展、地震视频/音频、地震纪念活动 5 项变量，命名为“图文声像与纪念活动”（Factor 2）；第三个公因子涉及纪念碑、纪念牌、纪念雕塑、解说牌 4 项变量，命名为“地标景观与解说系统”（Factor 3）；第四个公因子包含遇难者墓地、祭奠园、纪念林地 3 项变量，命名为“墓园与纪念林地”（Factor 4）（表 6－12）。

表6—12　地震纪念性景观评价因子旋转成分矩阵

	因子载荷			
Factor 1 地震遗址与纪念场馆				
地震遗址区	0.652			
地震纪念馆	0.787			
地震博物馆	0.772			
地震展览馆	0.712			
地震科普馆	0.665			
纪念广场	0.541			
Factor 2 图文声像与纪念活动				
地震导游词/导游手册		0.555		
地震实物展		0.740		
地震图片展		0.751		
地震视频/音频		0.771		
地震纪念活动		0.617		
Factor 3 地标景观与解说系统				
纪念碑			0.641	
纪念牌			0.735	
纪念雕塑			0.713	
解说牌			0.630	
Factor 4 墓园与纪念林地				
遇难者公墓				0.734
祭奠园				0.797
纪念林地				0.671
初始特征值	8.259	1.602	1.432	1.012
解释方差/%	41.294	8.010	7.161	5.058
累积解释方差/%	41.294	49.303	56.464	61.522
α 系数	0.831	0.822	0.805	0.782

6.3 地方感

6.3.1 地方感总体特征

6.3.1.1 灾区居民地方感均值排序

灾区居民地方感均值降序排列结果显示：整体上，13 个测试项及其均值（M=3.86）大于 5 分制量表的均值（M=2.5）。由此说明，大多数调研对象对于震区地方感评分较高。

以全部测试项的均值（M=3.86）作为分段指标，将其划分为两个分值段。“这个地方带给我许多回忆”“我对这个地方很有感情”“这个地方对我有特别的意义”等 8 个测试项位于第一分值段（5.00>M≥3.86）；“这里是我最愿意住的地方”“我在这里比在其他地方生活得更好”等 5 个测试项位于第二分值段（3.86>M>3.30）。其中，“这个地方带给我许多回忆”（M=4.13）、“我对这个地方很有感情”（M=4.11）、“这个地方对我有特别的意义”（M=4.11）排名前三位，且有超过 70%的受访对象选择了“基本同意”或“完全同意”的评价项。

相较而言，“没有任何地方比这里更好”（M=3.32）、“如果搬到其他地方住，我会非常难过”（M=3.43）、“这里的生活环境比其他地方都好”（M=3.57）这三项的均值排名垫底。其中，22.8%的受访对象认为“没有任何地方比这里更好”的测试项“基本不同意”或“完全不同意”，31.4%认为“一般”；就“如果搬到其他地方住，我会非常难过”而言，20%的受访对象给出了非常反对的评价（“基本不同意”或“完全不同意”），31.3%选择了中性评价（“一般”）。

进一步观察表明，均值排名处于第一分值段的测试项均是与地方依恋有关，更多地体现了自我与灾区之间的情感联系。例如，“这个地方带给我许多回忆”“我对这个地方很有感情”“这个地方对我有特别的意义”“如果搬到其他地方住，我会非常想念这里”“我已融入了当地生活”等。相较而言，“这里是我最愿意住的地方”“我在这里比在其他地方生活得更好”等处于第二分值段的测试项均是与物理环境、社会环境等有关，更为直观地展现了地震灾难后，环境、社会与个人之间关系的变化。令人颇感遗憾的是，它们的均值得分均相对较低，特别是作为能直观反映出地方依恋程度的测试项“如果搬到其他地方住，我会非常难过”，其均值得分排名倒数第二。究其原因，一方面，地震前后的物理环境、社会环境等因素的改变可能直接影响了受访对象的评价；另一方面，可能与地震后的负面影响有关。例如，“没有任何地方比这里更好”可能存在恢复重建情况好坏方面的问题和争议，导致参与调研的灾区居民产生了较为强烈的负面认知和评价（表6－13）。

表6－13　灾区居民地方感均值排序

测试项	人数（N）	均值（M）	标准差（D）	有效百分比/%（VF）				
				完全不同意	基本不同意	一般	完全同意	基本同意
这个地方带给我许多回忆	496	4.13	1.136	4.8	4.8	15.3	23.0	52.0
我对这个地方很有感情	496	4.11	0.984	2.6	2.4	20.4	30.2	44.4
这个地方对我有特别的意义	491	4.11	1.044	3.5	4.1	16.5	29.9	46.0
如果搬到其他地方住，我会非常想念这里	492	4.08	1.092	4.3	5.1	15.0	29.7	45.9
我已融入了当地生活	491	4.07	1.073	3.9	4.5	17.7	29.1	44.8
这个地方是我的家乡	491	4.03	1.337	9.4	6.9	10.8	17.1	55.8
住在这里让我感到自在	493	4.02	1.016	2.6	4.9	19.9	32.7	40.0
这里是我成长的地方	494	3.89	1.383	11.1	6.5	15.0	16.6	50.8
………… $M=3.86$ …………								
这里是我最愿意住的地方	496	3.79	1.173	5.6	7.9	24.0	27.0	35.5
我在这里比在其他地方生活得更好	491	3.65	1.101	4.5	8.1	33.2	26.7	27.5
这里的生活环境比其他地方都好	492	3.57	1.129	5.5	9.1	33.7	25.8	25.8
如果搬到其他地方住，我会非常难过	495	3.43	1.205	8.5	11.5	31.3	25.5	23.2
没有任何地方比这里更好	491	3.32	1.208	10.0	12.8	31.4	26.7	19.1

6.3.1.2　外地游客地方感均值排序

外地游客地方感均值降序排列结果显示：整体上，13 个测试项及其均值（M=3.44）大于 5 分制量表的均值（M=2.5）。由此说明，大多数调研对象对于震区地方感评分较高。

以全部测试项的均值（M=3.44）作为分段指标，将其划分为两个分值段。“地震遗址带给我许多回忆”“如果地震遗址消失，我会非常难过”“地震遗址对我有特别的意义”等 7 个测试项位于第一分值段（5.00>M≥3.44）；“我对地震灾区很有感情”“我只想到这处地震遗址参观/祭奠逝者”等 6 个测试项位于第二分值段（3.44>M>3.15）。其中，“地震遗址带给我许多回忆”（M=3.65）、“如果地震遗址消失，我会非常难过”（M=3.59）、“地震遗址对我有特别的意义”（M=3.59）排名前三位，且有超过 50%的受访对象选择了“基本同意”或“完全同意”的评价项，超过 25%认为“一般”。

相较而言，“我有故地重游的感觉”（M=3.16）、“如果长时间不来这里，我会非常想念”（M=3.17）、“没有任何地震纪念地比这里更重要”（M=3.34）这三项的均值排名垫底。其中，24.7%的受访对象认为“我有故地重游的感觉”的测试项“基本不同意”或“完全不同意”，37.6%认为“一般”；就“如果长时间不来这里，我会非常想念”而言，23.1%的受访对象给出了非常反对的评价（“基本不同意”或“完全不同意”），43.5%选择了中性评价（“一般”）。

均值排名处于第一分值段的测试项均是地震纪念地对于个人影响程度的问题，更多地体现了对缅怀遇难者和纪念汶川大地震以及抗震救灾等灾害记忆的传承。例如，“地震遗址带给我许多回忆”“如果地震遗址消失，我会非常难过”“地震遗址对我有特别的意义”“这处遗址比其他地震遗址更值得参观/祭奠逝者”“参观地震遗址让我认识了自我”等。相较而言，“我对地震灾区很有感情”“我只想到这处地震遗址参观/祭奠逝者”等处于第二分值段的测试项均是关于个人与地震灾区情感方面的问题，更为直观地展现了地震纪念地的重要与否。令人颇感遗憾的是，它们的均值得分均相对较低，特别是作为能直观反映出地方认同程度的测试项“没有任何地震纪念地比这里更重要”，其均值得分排名倒数第三。究其原因，一方面，受访游客均为外地居民，对震区的地方感程度不高；另一方面，可能与黑色旅游活动的负面影响有关。例如，“我有故地重游的感觉”可能由于与死亡有关而带来的负面情绪，直接导致参与调研的游客产生了较为强烈的负面认知和评价（表 6-14）。

表 6－14　外地游客地方感均值排序

测试项	人数（N）	均值（M）	标准差（D）	有效百分比/%（VF）				
				完全不同意	基本不同意	一般	完全同意	基本同意
地震遗址带给我许多回忆	327	3.65	1.048	3.7	8.0	32.4	31.5	24.5
如果地震遗址消失，我会非常难过	325	3.59	1.182	5.8	12.0	27.1	27.1	28.0
地震遗址对我有特别的意义	326	3.59	1.162	5.8	10.7	28.8	27.6	27.0
这处遗址比其他地震遗址更值得参观/祭奠逝者	322	3.53	1.125	5.6	10.9	31.1	29.5	23.0
参观地震遗址让我认识了自我	325	3.48	1.067	4.0	13.2	32.3	31.4	19.1
地震遗址的命运与我息息相关	324	3.48	1.094	3.7	14.5	33.0	27.2	21.6
这处地震遗址是我最想祭奠遇难者/参观之处	326	3.48	1.163	6.7	12.3	29.1	29.4	22.4
------ M=3.441 ------								
我对地震灾区很有感情	330	3.43	1.211	9.1	10.3	32.7	24.5	23.3
我只想到这处地震遗址参观/祭奠逝者	328	3.41	1.162	9.1	9.1	32.0	31.1	18.6
我感到自己融入了精神家园	326	3.36	1.072	5.8	12.6	36.8	29.1	15.6
没有任何地震纪念地比这里更重要	324	3.34	1.178	7.7	15.4	31.8	25.6	19.4
如果长时间不来这里，我会非常想念	324	3.17	1.103	8.0	15.1	43.5	18.8	14.5
我有故地重游的感觉	327	3.16	1.195	12.2	12.5	37.6	22.3	15.3

6.3.2　地方感维度特征

本小节仅使用灾区居民数据，对其地方感测试项进行降维处理。KMO检验值（0.913）在0.5～1.0之间，Bartlett球形检验值（$\chi^2=3391.836$，$df=78$，$P<0.001$），表明适合做主成分因子分析（Principal Component Analysis）。使用Kaiser标准化正交旋转（Varimax with Kaiser

Normalization)，经 6 次迭代后收敛，提取出 3 个主成分因子，累计解释方差比例为 69.615%，数据可靠、一致性强（$0.875>\alpha>0.837$）。

第一个公因子在“这里是我成长的地方”“这个地方是我的家乡”“这个地方带给我许多回忆”“这个地方对我有特别的意义”4 项变量上载荷较高，体现了社会角色对地方的自我认知，包含信仰、情感、感知等方面(Proshansky，et al，1983)，故命名为“地方认同”（Factor 1）；第二个公因子包含“我在这里比在其他地方生活得更好”“这里的生活环境比其他地方都好”“没有任何地方比这里更好”“这里是我最愿意住的地方”4 项变量，反映了人对于地方环境的依赖性（Brown，Raymond，2007），故命名为“地方依赖”(Factor 2)；第三个公因子包含“我对这个地方很有感情”“住在这里让我感到自在”“如果搬到其他地方住，我会非常难过”“如果搬到其他地方住，我会非常想念这里”“我已融入了当地生活”5 项变量，偏重心理过程和情感联结（Hernández，et al，2007；Manzo，2003），故命名为“地方依恋”(Factor 3)（表 6−15）。

表 6−15　主成分因子分析旋转成分矩阵

	因子载荷	初始特征值	解释方差/%	α 系数
Factor 1 地方认同		6.642	51.096	0.875
这里是我成长的地方	0.839			
这个地方是我的家乡	0.848			
这个地方带给我许多回忆	0.770			
这个地方对我有特别的意义	0.641			
Factor 2 地方依赖		1.291	9.954	0.853
我在这里比在其他地方生活得更好	0.720			
这里的生活环境比其他地方都好	0.781			
没有任何地方比这里更好	0.846			
这里是我最愿意住的地方	0.723			
Factor 3 地方依恋		1.113	8.568	0.837
我对这个地方很有感情	0.738			
住在这里让我感到自在	0.699			
如果搬到其他地方住，我会非常难过	0.708			

续表6－15

	因子载荷	初始特征值	解释方差/%	α 系数
如果搬到其他地方住，我会非常想念这里	0.712			
我已融入了当地生活	0.630			
累计方差/%		69.615		

6.3.3 地方感聚类特征

6.3.3.1 灾区居民地方感因子聚类

采用逐步聚类分析（*K*－Means Cluster Analysis）对3个主成分因子（地方认同、地方依赖、地方依恋）进行聚类。聚类数（Number of Clusters）指定为3类。地方感案例数共计512个，其中有效案例445个。经10次迭代，152个案例聚到第一类，174个案例聚到第二类，119个案例聚到第三类。方差分析结果表明，参与聚类的3个变量能够很好地区分各类，且类间的差异足够大（表6－16）。

第一类受访对象在地方依恋的认知上较为显著，在地方认同上弱显著，而在地方依赖上不显著。由此，将此类人群命名为“依恋认同型”，即对所居住的灾区城镇具有较强烈地方依恋并有较弱地方认同者。第二类受访对象在地方依赖与地方依恋的认知上均高度显著，但在地方认同上不显著。由此，将此类人群命名为“依赖依恋型”，即对所居住的灾区城镇具有强烈地方依赖与地方依恋者。第三类受访对象仅地方依赖的认知上弱显著，而在地方认同与地方依恋上均不显著。由此，将此类人群命名为“微弱依赖型”，即对所居住的灾区城镇具有微弱依赖者。上述三类人群所居住的灾区城镇大多为灾后灾后异地重建，由此推断其认同感相对较弱的原因。

表6－16　地方感主成分因子逐步聚类分析结果

聚类命名	最终聚类中心			个案数
	地方认同	地方依赖	地方依恋	
第一类（依恋认同型）	0.14814	－1.02428	0.34437	152
第二类（依赖依恋型）	－0.16657	0.72058	0.55059	174
第三类（微弱依赖型）	0.05433	0.2547	－1.24492	119

续表6－16

聚类命名	最终聚类中心			个案数
	地方认同	地方依赖	地方依恋	
F－test	4.324	305.242	298.732	
Sig.	0.014	0.000	0.000	

6.3.3.2　基于地方感聚类的灾区居民人口学特征

采用列联表分析（Contingency Table Analysis），检验三类人群在性别、年龄、学历、职业、本地居住时间变量上是否存在显著差异。结果表明，三类人群在性别（P=0.060）、职业（P=0.028）及本地居住时间（P=0.015）变量上存在显著差异，在年龄（P=0.179）、学历（P=0.232）、常住地（P=0.373）变量上没有显著差异（表 6－17，表 6－18，表 6－19）。

表 6－18 揭示了在三类人群中占主导地位的人口学特征变量。依恋认同型中占主导地位的人群是在北川县（N=71）居住了 10 年以上（N=88）、18 岁以下（N=69）的女性（N=105）学生群体（N=85），接受调研期间她们正处于高中、职高学习阶段（N=63）。依赖依恋型中占主导地位的人群是在北川县（N=81）居住了 10 年以上（N=109）、18 岁以下（N=62）的女性（N=98）学生群体（N=70），接受调研期间她们正处于初中、中专、小学学习阶段（N=82）。微弱依赖型中占主导地位的人群是在北川县（N=62）居住了 10 年以上（N=52）、18 岁以下（N=63）的女性（N=61）学生群体（N=70），接受调研期间她们正处于初中、中专、小学学习阶段（N=57）。

综上所述，依赖依恋型与微弱依赖型中占主导地位的人群均来自在北川县居住了 10 年以上、18 岁以下的女性学生群体，接受调研期间她们正处于初中、中专、小学学习阶段。相较而言，依恋认同型中占主导地位的人群与上述二者基本一致，除了接受调研期间她们正处于高中、职高学习阶段外。

表 6－17　案例处理摘要

	案例					
	有效的		缺失		合计	
	N	百分比	*N*	百分比	*N*	百分比
性别 * 案例的类别号	434	84.8%	78	15.2%	512	100.0%
常住地 * 案例的类别号	439	85.7%	73	14.3%	512	100.0%

续表6－17

	案例					
	有效的		缺失		合计	
	N	百分比	*N*	百分比	*N*	百分比
年龄 * 案例的类别号	444	86.7%	68	13.3%	512	100.0%
学历 * 案例的类别号	438	85.5%	74	14.5%	512	100.0%
职业 * 案例的类别号	440	85.9%	72	14.1%	512	100.0%
本地居住时间 * 案例的类别号	424	82.8%	88	17.2%	512	100.0%

表6－18　基于地方感聚类的人口学特征变量

		案例类别			合计	卡方值	*P* 值
		依恋认同型	依赖依恋型	微弱依赖型			
性别	男	43	73	54	170	10.172	0.060
	女	105	98	61	264		
年龄	18岁以下	69	62	63	194	16.278	0.179
	18～24岁	23	23	14	60		
	25～34岁	21	30	15	66		
	35～44岁	16	29	13	58		
	45～54岁	16	15	5	36		
	55～64岁	3	5	3	11		
	65岁及以上	3	10	6	19		
学历	初中、中专、小学	58	82	57	197	12.858	0.232
	高中、职高	63	53	46	162		
	大专	11	20	8	39		
	本科	16	14	5	35		
	硕士及以上	1	1	0	2		
	其他	1	2	0	3		

续表6－18

		案例类别			合计	卡方值	P 值
		依恋认同型	依赖依恋型	微弱依赖型			
职业	全职工作	25	40	18	83	22.984	0.028
	兼职工作	4	5	3	12		
	学生	85	70	67	222		
	自主创业	8	23	8	39		
	退休	3	12	8	23		
	待业	11	6	4	21		
	其他	14	17	9	40		
本地居住时间	1～4 年	30	27	35	92	12.327	0.015
	5～10 年	24	34	25	83		
	10 年以上	88	109	52	249		
常住地	北川县	71	81	62	214	6.466	0.373
	映秀镇	27	20	17	64		
	汉旺镇	43	63	33	139		
	省内其他	10	8	4	22		

表 6－19　人口学特征变量聚类结果

	占主导地位的人口学特征变量		
	依恋认同型	依赖依恋型	微弱依赖型
性别	女	女	女
年龄	18 岁以下	18 岁以下	18 岁以下
学历	高中、职高	初中、中专、小学	初中、中专、小学
职业	学生	学生	学生
本地居住时间	10 年以上	10 年以上	10 年以上
常住地	北川县	北川县	北川县

6.4 迁居意愿

6.4.1 迁居意愿维度特征

6.4.1.1 信度检验

运用克兰巴赫系数（Cronbach's α）检验数据内部一致性。9个测试项的总体一致性系数为0.880；总体依恋、社会关系依恋、居住环境依恋三个维度的克兰巴赫系数分别为0.730、0.653、0.700（$\alpha>0.5$），说明此组问题有良好的同质稳定性（表6-20）。

表6-20 受访对象对于家、社区、城镇的迁居意愿（地方依恋）均值差

	总体依恋（G）		社会关系依恋（S）		居住环境依恋（P）	
家	3.64	SD=1.275	3.72	SD=1.261	3.59	SD=1.192
社区	3.61	SD=1.153	3.51	SD=1.053	3.53	SD=1.096
城镇	3.64	SD=1.110	3.37	SD=1.086	3.49	SD=1.064
克兰巴赫系数（α）	0.730		0.653		0.700	

6.4.1.2 单一样本 T 检验

使用单一样本 T 检验（One-sample T test），比较9个测试项的单样本均数与已知总体均数（$M=3$）是否存在差别，结果表明：按 $\alpha=0.05$ 水平，Sig.（2-tailed）=0.00，$P<0.05$，$7.484<t<12.599$，$477<df<487$，拒绝原假设。由此说明，9个推断样本所代表的未知总体均数与已知的总体均数均存在显著差别，且大于已知总体均数。整体上，受访对象在迁居意愿测试项表现出较强的地方依恋特征（表6-21，表6-22）。

进一步观察表明，受访对象对于家和城镇的总体依恋保持一致（$G=3.64$），仅对于社区的总体依恋略低（$G=3.61$）。因此，大多数受访对象既不太愿意一个人到外地生活，也不愿意搬离现在熟悉的城镇，仅对自己搬离现在熟悉的小区略微不那么抵触。受访对象对于家（$S=3.72$）的社会关系依恋明显高于社区（$S=3.51$）和城镇（$S=3.37$）。换言之，大多数受访者特别不希望家人独自到外地生活，而熟悉的街坊搬家到外地极可能会使其很感伤，如果镇上的熟人搬家到外地也可能会使其很感伤。就居住环境而言，受访对象对家、社区和城镇三个不同尺度的地方依恋没有表现出明显的差异性。家、社区与城镇的居住环境依恋均值极为接近，依次相差 0.06、0.04。

表 6－21　单一样本 T 检验分析结果

	Test Value = 3				95% Confidence Interval of the Difference	
	t	df	Sig. (2－tailed)	Mean Difference	Lower	Upper
我不太愿意一个人到外地生活	11.163	486	0.000	0.645	0.53	0.76
我不希望家人独自到外地生活	12.599	487	0.000	0.719	0.61	0.83
我不愿意和家人搬到外地生活	10.861	480	0.000	0.590	0.48	0.70
我不愿意搬离现在熟悉的小区	11.674	486	0.000	0.610	0.51	0.71
如果熟悉的街坊搬家到外地会使我很感伤	10.678	478	0.000	0.514	0.42	0.61
如果我和熟悉的街坊都搬家会让我很感伤	10.642	477	0.000	0.533	0.43	0.63
我不愿意搬离现在熟悉的城镇	12.779	483	0.000	0.645	0.55	0.74
如果镇上的熟人搬家到外地会使我很感伤	7.484	484	0.000	0.369	0.27	0.47
如果我和镇上的熟人都搬家会让我很感伤	10.228	485	0.000	0.494	0.40	0.59

表 6－22　迁居意愿单样本描述统计量

	N	Mean	Std. Deviation	Std. Error Mean
我不太愿意一个人到外地生活	487	3.64	1.275	0.058
我不希望家人独自到外地生活	488	3.72	1.261	0.057
我不愿意和家人搬到外地生活	481	3.59	1.192	0.054
我不愿意搬离现在熟悉的小区	487	3.61	1.153	0.052
如果熟悉的街坊搬家到外地会使我很感伤	479	3.51	1.053	0.048
如果我和熟悉的街坊都搬家会让我很感伤	478	3.53	1.096	0.050

续表6－22

	N	Mean	Std. Deviation	Std. Error Mean
我不愿意搬离现在熟悉的城镇	484	3.64	1.110	0.050
如果镇上的熟人搬家到外地会使我很感伤	485	3.37	1.086	0.049
如果我和镇上的熟人都搬家会让我很感伤	486	3.49	1.064	0.048

6.4.2 迁居意愿差异特征

6.4.2.1 方差齐性检验

方差齐性 Levene 检验（Test of Homogeneity of Variances）结果表明，G1、S1、P1、G2、S2 的 Levene 统计量分别为 3.029、3.471、6.333、5.929、3.394，显著性概率 Sig. 分别为 0.029、0.016、0.000、0.001、0.018，可认为方差不齐（$P<0.05$），故使用 Tukey 可靠显著差异法做多重比较检验。相较而言，P2、G3、S3、P3 的 Levene 统计量分别为 1.808、2.515、1.772、1.750，显著性概率 Sig. 分别为 0.145、0.058、0.152、0.156，可认为方差齐（$P>0.05$），故使用 LSD 最小显著差异法做多重比较检验（表 6－23）。

表 6－23 迁居意愿方差齐性检验

编号		测试项	Levene Statistic	df_1	Sig.
G1	我不太愿意一个人到外地生活	3.029	3	478	0.029
S1	我不希望家人独自到外地生活	3.471	3	478	0.016
P1	我不愿意和家人搬到外地生活	6.333	3	471	0.000
G2	我不愿意搬离现在熟悉的小区	5.929	3	477	0.001
S2	如果熟悉的街坊搬家到外地会使我很感伤	3.394	3	469	0.018
P2	如果我和熟悉的街坊都搬家会让我很感伤	1.806	3	468	0.145
G3	我不愿意搬离现在熟悉的城镇	2.515	3	474	0.058
S3	如果镇上的熟人搬家到外地会使我很感伤	1.772	3	475	0.152
P3	如果我和镇上的熟人都搬家会让我很感伤	1.750	3	476	0.156

6.4.2.2　K−S 正态分布检验

采用单样本 Kolmogorov − Smirnov 检验（One − Sample Kolmogorov − Smirnov Test），比较常住地及 9 项迁居意愿观测值的累计分布函数是否属于指定的正态分布。结果表明，全部测试项的双侧渐进显著性水平（Asymp. Sig.）均远远小于 95％置信度下 0.05 的临界值（$P<0.05$），因此不服从正态分布。鉴于每组的样本量大于 15 个，故单因素方差分析结果可信（表 6−24）。

表 6−24　K−S 正态分布检验

		常住地	G1	S1	P1	G2	S2	P2	G3	S3	P3
N		506	487	488	481	487	479	478	484	485	486
Normal Parameters[a,b]	Mean	1.73	3.64	3.72	3.59	3.61	3.51	3.53	3.64	3.37	3.49
	Std. Deviation	0.875	1.275	1.261	1.192	1.153	1.053	1.096	1.110	1.086	1.064
Most Extreme Differences	Absolute	0.306	0.195	0.215	0.210	0.201	0.204	0.192	0.194	0.183	0.201
	Positive	0.306	0.144	0.155	0.119	0.133	0.161	0.160	0.151	0.177	0.201
	Negative	−0.204	−0.195	−0.215	−0.210	−0.201	−0.204	−0.192	−0.194	−0.183	−0.183
Kolmogorov−Smirnov *Z*		6.889	4.303	4.752	4.612	4.442	4.467	4.198	4.263	4.041	4.438
Asymp. Sig.（2−tailed）		0.000	0.000	0.000	0.000	0.000	0.000	0.000	0.000	0.000	0.000

注：a. 单样本 Kolmogorov−Smirnov 检验；b. 据测试数据计算。

6.4.2.3　单因素方差分析

单因素方差分析（One Way ANOVA）结果表明，我不愿意和家人搬到外地生活（$F=4.608$，Sig. =0.003），我不愿意搬离现在熟悉的城镇（$F=3.618$，Sig. =0.013），如果我和镇上的熟人都搬家会让我很感伤（$F=2.704$，Sig. =0.045），这 3 个测试项存在明显的组间差异（$P<0.05$），故认为北川、汉旺、映秀及四川省内其他地区的受访对象在上述 3 个测试项的回答上存在显著差异，而其余 6 个测试项无显著差异（表 6−25）。

表 6－25　迁居意愿 ANOVA 方差分析表

		Sum of Squares	*df*	Mean Square	*F*	Sig.
我不太愿意一个人到外地生活	Between Groups	5.381	3	1.794	1.110	0.344
	Within Groups	772.063	478	1.615		
	Total	777.444	481			
我不希望家人独自到外地生活	Between Groups	2.547	3	0.849	0.533	0.660
	Within Groups	761.754	478	1.594		
	Total	764.301	481			
我不愿意和家人搬到外地生活	Between Groups	19.099	3	6.366	4.608	0.003
	Within Groups	650.699	471	1.382		
	Total	669.798	474			
我不愿意搬离现在熟悉的小区	Between Groups	9.344	3	3.115	2.366	0.070
	Within Groups	627.791	477	1.316		
	Total	637.135	480			
如果熟悉的街坊搬家到外地会使我很感伤	Between Groups	1.647	3	0.549	0.493	0.687
	Within Groups	522.370	469	1.114		
	Total	524.017	472			
如果我和熟悉的街坊都搬家会让我很感伤	Between Groups	3.845	3	1.282	1.076	0.359
	Within Groups	557.308	468	1.191		
	Total	561.153	471			
我不愿意搬离现在熟悉的城镇	Between Groups	13.178	3	4.393	3.618	0.013
	Within Groups	575.477	474	1.214		
	Total	588.655	477			
如果镇上的熟人搬家到外地会使我很感伤	Between Groups	2.230	3	0.743	0.631	0.595
	Within Groups	559.878	475	1.179		
	Total	562.109	478			
如果我和镇上的熟人都搬家会让我很感伤	Between Groups	9.049	3	3.016	2.704	0.045
	Within Groups	530.951	476	1.115		
	Total	540.000	479			

多重比较（Multiple Comparisons）结果显示，对于“我不愿意和家人搬

到外地生活”这一选项，映秀（M=3.16）、北川（M=3.67）、汉旺（M=3.74）的均值存在明显差异。其中，映秀与北川的均值差为−0.508（P=0.040），与汉旺的均值差为−0.576（P=0.029）。对于“我不愿意搬离现在熟悉的城镇”这一选项，汉旺（M=3.88）的均值明显高于北川（M=3.59）、映秀（M=3.38）。其中，汉旺与北川的均值差为0.287（P=0.013），与映秀的均值差为0.497（P=0.003）。对于“如果我和镇上的熟人都搬家会让我很感伤”这一选项，汉旺（M=3.66）的均值明显高于映秀（M=3.34）、四川省内其他地区（M=3.13）。其中，汉旺与映秀的均值差为0.321（P=0.040），与四川省内其他地区的均值差为0.539（P=0.020）（表6−26，表6−27）。

表 6−26　迁居意愿多重比较结果

Dependent Variable		(I) 常住地	(J) 常住地	Mean Difference (I−J)	Std. Error	Sig.	95% Confidence Interval	
							Lower Bound	Upper Bound
我不愿意和家人搬到外地生活	Tamhane	北川	汉旺	−0.067	0.124	0.995	−0.40	0.26
			映秀	0.508*	0.183	0.040	0.01	1.00
			其他	0.381	0.274	0.688	−0.40	1.16
		汉旺	北川	0.067	0.124	0.995	−0.26	0.40
			映秀	0.576*	0.201	0.029	0.04	1.11
			其他	0.448	0.286	0.558	−0.36	1.25
		映秀	北川	−0.508*	0.183	0.040	−1.00	−0.01
			汉旺	−0.576*	0.201	0.029	−1.11	−0.04
			其他	−0.127	0.316	0.999	−1.00	0.74
		其他	北川	−0.381	0.274	0.688	−1.16	0.40
			汉旺	−0.448	0.286	0.558	−1.25	0.36
			映秀	0.127	0.316	0.999	−0.74	1.00

续表6－26

Dependent Variable		(I) 常住地	(J) 常住地	Mean Difference (I－J)	Std. Error	Sig.	95% Confidence Interval	
							Lower Bound	Upper Bound
我不愿意搬离现在熟悉的城镇	LSD	北川	汉旺	－0.287*	0.116	0.013	－0.51	－0.06
			映秀	0.210	0.153	0.171	－0.09	0.51
			其他	－0.078	0.236	0.740	－0.54	0.39
		汉旺	北川	0.287*	0.116	0.013	0.06	0.51
			映秀	0.497*	0.164	0.003	0.18	0.82
			其他	0.209	0.243	0.389	－0.27	0.69
		映秀	北川	－0.210	0.153	0.171	－0.51	0.09
			汉旺	－0.497*	0.164	0.003	－0.82	－0.18
			其他	－0.288	0.263	0.274	－0.80	0.23
		其他	北川	0.078	0.236	0.740	－0.39	0.54
			汉旺	－0.209	0.243	0.389	－0.69	0.27
			映秀	0.288	0.263	0.274	－0.23	0.80
如果我和镇上的熟人都搬家会让我很感伤	LSD	北川	汉旺	－0.183	0.111	0.099	－0.40	0.03
			映秀	0.138	0.146	0.343	－0.15	0.42
			其他	0.356	0.226	0.115	－0.09	0.80
		汉旺	北川	0.183	0.111	0.099	－0.03	0.40
			映秀	0.321*	0.156	0.040	0.01	0.63
			其他	0.539*	0.233	0.021	0.08	1.00
		映秀	北川	－0.138	0.146	0.343	－0.42	0.15
			汉旺	－0.321*	0.156	0.040	－0.63	－0.01
			其他	0.218	0.251	0.385	－0.28	0.71
		其他	北川	－0.356	0.226	0.115	－0.80	0.09
			汉旺	－0.539*	0.233	0.021	－1.00	－0.08
			映秀	－0.218	0.251	0.385	－0.71	0.28

注：* 均值差的显著性水平为0.05。

表 6-27　不同常住地迁居意愿描述性统计量

		N	Mean	Std. Deviation	Std. Error	95% Confidence Interval for Mean	
						Lower Bound	Upper Bound
我不太愿意一个人到外地生活	北川	245	3.56	1.174	0.075	3.41	3.70
	汉旺	146	3.77	1.370	0.113	3.54	3.99
	映秀	67	3.78	1.289	0.157	3.46	4.09
	其他	24	3.58	1.530	0.312	2.94	4.23
	Total	482	3.65	1.271	0.058	3.54	3.77
我不希望家人独自到外地生活	北川	245	3.77	1.186	0.076	3.62	3.92
	汉旺	146	3.62	1.396	0.116	3.39	3.84
	映秀	67	3.79	1.200	0.147	3.50	4.08
	其他	24	3.71	1.334	0.272	3.14	4.27
	Total	482	3.72	1.261	0.057	3.61	3.84
我不愿意和家人搬到外地生活	北川	238	3.67	1.024	0.066	3.54	3.80
	汉旺	146	3.74	1.271	0.105	3.53	3.95
	映秀	67	3.16	1.399	0.171	2.82	3.51
	其他	24	3.29	1.301	0.266	2.74	3.84
	Total	475	3.60	1.189	0.055	3.49	3.71
我不愿意搬离现在熟悉的小区	北川	244	3.61	1.014	0.065	3.48	3.74
	汉旺	146	3.79	1.233	0.102	3.59	3.99
	映秀	67	3.36	1.356	0.166	3.03	3.69
	其他	24	3.46	1.250	0.255	2.93	3.99
	Total	481	3.62	1.152	0.053	3.52	3.72
如果熟悉的街坊搬家到外地会使我很感伤	北川	237	3.57	0.957	0.062	3.45	3.70
	汉旺	145	3.45	1.124	0.093	3.26	3.63
	映秀	67	3.48	1.159	0.142	3.19	3.76
	其他	24	3.58	1.248	0.255	3.06	4.11
	Total	473	3.52	1.054	0.048	3.43	3.62

续表6-27

		N	Mean	Std. Deviation	Std. Error	95% Confidence Interval for Mean	
						Lower Bound	Upper Bound
如果我和熟悉的街坊都搬家会让我很感伤	北川	238	3.57	1.052	0.068	3.43	3.70
	汉旺	145	3.52	1.185	0.098	3.33	3.72
	映秀	65	3.38	1.041	0.129	3.13	3.64
	其他	24	3.83	1.007	0.206	3.41	4.26
	Total	472	3.54	1.092	0.050	3.44	3.64
我不愿意搬离现在熟悉的城镇	北川	243	3.59	1.010	0.065	3.46	3.72
	汉旺	145	3.88	1.230	0.102	3.67	4.08
	映秀	66	3.38	1.160	0.143	3.09	3.66
	其他	24	3.67	1.007	0.206	3.24	4.09
	Total	478	3.65	1.111	0.051	3.55	3.75
如果镇上的熟人搬家到外地会使我很感伤	北川	243	3.40	1.049	0.067	3.27	3.54
	汉旺	145	3.41	1.158	0.096	3.22	3.60
	映秀	67	3.21	0.993	0.121	2.97	3.45
	其他	24	3.33	1.239	0.253	2.81	3.86
	Total	479	3.37	1.084	0.050	3.28	3.47
如果我和镇上的熟人都搬家会让我很感伤	北川	243	3.48	0.989	0.063	3.36	3.61
	汉旺	146	3.66	1.152	0.095	3.48	3.85
	映秀	67	3.34	1.067	0.130	3.08	3.60
	其他	24	3.13	1.076	0.220	2.67	3.58
	Total	480	3.50	1.062	0.048	3.40	3.60

6.5　认知结构关系

6.5.1　探索性因子分析

6.5.1.1　灾区居民地震纪念性景观评价变量探索性因子分析

抽样适当性检验值（KMO=0.899）在 0.5~1.0 之间，巴特莱特球形检验值（Bartlett）（$\chi^2=1613.018$，$df=136$，$P<0.001$），表明适合做因子分析。采用 Kaiser 标准化的正交旋转法，提取结果在 6 次迭代后收敛，4 个主成分因子累计解释方差比例为 65.282%，数据可靠、一致性强（$0.840>\alpha>0.795$）。纪念广场（A6）、纪念公园（A7）、解说牌（A14）、纪念碑（A11）或载荷低于 0.5，或在两个主因子的载荷均较高而被删除。

第一个公因子包含地震导游词、地震实物展、地震图片展、地震视频/音频、地震纪念活动 5 项变量，命名为“图文声像与纪念活动”（Factor 1）；第二个公因子在地震遗址区、地震纪念馆、地震博物馆、地震展览馆、地震科普馆 5 项变量上载荷较高，命名为“地震遗址与纪念场馆”（Factor 2）；第三个公因子包含纪念牌、纪念雕塑、解说牌、地震宣传标语 4 项变量，命名为“地标景观与解说系统”（Factor 3）；第四个公因子包含遇难者墓地、祭奠园、纪念林地 3 项变量，命名为“墓园与纪念林地”（Factor 4）（表 6-28）。

表 6-28　灾区居民地震纪念性景观评价变量探索性因子分析与验证性因子分析

变量名称	探索性因子分析				验证性因子分析		
	因子载荷				SMC	SRW	t-value (C. R.)
Factor 1 图文声像与纪念活动							
A16 地震导游词	0.589				0.520	0.721	8.580
A17 地震实物展	0.783				0.559	0.748	8.774
A18 地震图片展	0.690				0.424	0.651	8.023
A19 地震视频/音频	0.782				0.314	0.561	8.762
A20 地震纪念活动	0.687				0.334	0.578	—
Factor 2 地震遗址与纪念场馆							

续表6－28

变量名称	探索性因子分析				验证性因子分析		
	因子载荷				SMC	SRW	t－value (C. R.)
A1 地震遗址区		0.692			0.428	0.654	9.287
A2 地震纪念馆		0.785			0.444	0.667	9.411
A3 地震博物馆		0.741			0.405	0.636	9.001
A4 地震展览馆		0.591			0.504	0.710	10.010
A5 地震科普馆		0.656			0.493	0.702	9.287
Factor 3 地标景观与解说系统							
A12 纪念牌			0.676		0.447	0.668	9.668
A13 纪念雕塑			0.781		0.448	0.669	9.677
A14 解说牌			0.797		0.563	0.751	10.747
A15 地震宣传标语			0.660		0.472	0.687	—
Factor 4 墓园与纪念林地							
A8 遇难者公墓				0.722	0.480	0.693	9.775
A9 祭奠园				0.779	0.624	0.790	10.912
A10 纪念林地				0.752	0.503	0.709	—
初始特征值	7.237	1.439	1.330	1.091			
解释方差/%	42.571	8.467	7.824	6.419			
累积解释方差/%	42.571	51.038	58.862	65.282			
α 系数	0.840	0.812	0.804	0.795			

注：SMC（Squared Multiple Correlations）：平方复相关系数；SRW（Standardized Regression Weights）：标准化路径系数；t－value（C. R.）(Critical Ratio)：临界比率。

6.5.1.2 灾区居民地方感变量探索性因子分析

虽然在本章第3节中已对灾区居民的地方感维度特征作初步探测，但是本节由于所选取的数据为DATA1，因此有必要对其进行探索性因子分析。结果表明：KMO检验值（0.913）在0.5～1.0之间，Bartlett球形检验值（$\chi^2=3391.836$，$df=78$，$P<0.001$），表明适合做主成分因子分析（Principal Component Analysis）。使用Kaiser标准化正交旋转（Varimax with Kaiser

Normalization)，经 6 次迭代后收敛，提取出 3 个主成分因子，累计解释方差比例为 69.615%，数据可靠、一致性强（0.875>α>0.837）。

第一个公因子在“这里是我成长的地方”“这个地方是我的家乡”“这个地方带给我许多回忆”“这个地方对我有特别的意义”4 项变量上载荷较高，命名为“地方认同”（Factor 6）；第二个公因子包含“我对这个地方很有感情”“住在这里让我感到自在”“如果搬到其他地方住，我会非常难过”“如果搬到其他地方住，我会非常想念这里”“我已融入了当地生活”5 项变量，命名为“地方依恋”（Factor 7）；第三个公因子包含“我在这里比在其他地方生活得更好”“这里的生活环境比其他地方都好”“没有任何地方比这里更好”“这里是我最愿意住的地方”4 项变量，命名为“地方依赖”（Factor 8）（表 6−29）。

表 6−29　灾区居民地方感变量探索性因子分析与验证性因子分析

变量名称	探索性因子分析				验证性因子分析		
	因子载荷				SMC	SRW	t−value (C. R.)
Factor 6 地方认同							
B6 这里是我成长的地方	0.865			0.566	0.752	—	
B7 这个地方是我的家乡	0.865			0.640	0.800	14.954	
B8 这个地方带给我许多回忆	0.749			0.710	0.842	13.151	
B9 这个地方对我有特别的意义	0.671			0.594	0.771	12.029	
Factor 7 地方依恋							
B1 我对这个地方很有感情		0.738		0.580	0.761	—	
B2 住在这里让我感到自在		0.729		0.562	0.750	16.311	
B3 如果搬到其他地方住，我会非常难过		0.692		0.351	0.593	9.183	
B4 如果搬到其他地方住，我会非常想念这里		0.727		0.678	0.823	13.106	
B5 我已融入了当地生活		0.681		0.598	0.773	12.262	
Factor 8 地方依赖							
B10 我在这里比在其他地方生活得更好			0.690	0.528	0.727	—	
B11 这里的生活环境比其他地方都好			0.794	0.562	0.750	11.148	
B12 没有任何地方比这里更好			0.838	0.563	0.751	11.158	

续表6－29

变量名称	探索性因子分析				验证性因子分析		
	因子载荷				SMC	SRW	t－value (C. R.)
B13 这里是我最愿意住的地方			0.721	0.676	0.822	12.140	
初始特征值	6.815	1.292	1.139				
解释方差/%	52.421	9.935	8.763				
累积解释方差/%	52.421	62.356	71.119				
α 系数	0.891	0.845	0.859				

注：SMC（Squared Multiple Correlations）：平方复相关系数；SRW（Standardized Regression Weights）：标准化路径系数；t－value（C. R.）（Critical Ratio）：临界比率。

6.5.2 验证性因子分析

采用验证性因子分析，分别为地震纪念性景观评价与地方感变量构建子模型（测量模型），检验探索性因子分析结果。在此过程中，将对测量模型的拟合情况进行评估，在需要时对模型予以修正。

6.5.2.1 灾区居民地震纪念性景观评价变量测量模型

灾区居民地震纪念性景观评价变量测量模型一拟合情况尚可，临界比率均大于 2，但仍有进一步修正的必要性。观察修正指数（MI），寻找 MI 最大值，e4 与 e5 的 MI 值较大（21.208），因此首先考虑在二者之间增加一条相关路径。重新估计模型，发现 e8 与 e7 的 MI 值较大（16.121），故增加路径。其次，估计模型，发现 e4 与 e3 的 MI 值仍较大（10.150），因此考虑再次添加路径。最后，通过四轮模型估计，有效地降低了 χ^2/df、RMSEA、CFI 等拟合指数均符合标准，表明模型四拟合情况较好，观测变量的标准化估计值（0.561<SRW<0.748）、平方复相关系数（0.351<SMC<0.710）符合标准，能够较好地解释相应的非观测变量（表 6－30，图 6－1）。

表 6－30　灾区居民地震纪念性景观评价变量验证性因子分析

	χ^2/df	CFI	TLI	RMSEA	PNFI	IFI	备注
模型一	2.349	0.920	0.904	0.073	0.723	0.921	
模型二	2.170	0.931	0.916	0.068	0.725	0.932	e4↔e5
模型三	2.017	0.941	0.927	0.064	0.727	0.941	e8↔e7

续表6—30

	χ^2/df	CFI	TLI	RMSEA	PNFI	IFI	备注
模型四	1.938	0.946	0.933	0.061	0.724	0.947	e4↔e3
参考标准	约接近 1 表示拟合越好	≥0.90	≥0.90	<0.08	越接近 1 表示拟合越好	≥0.90	

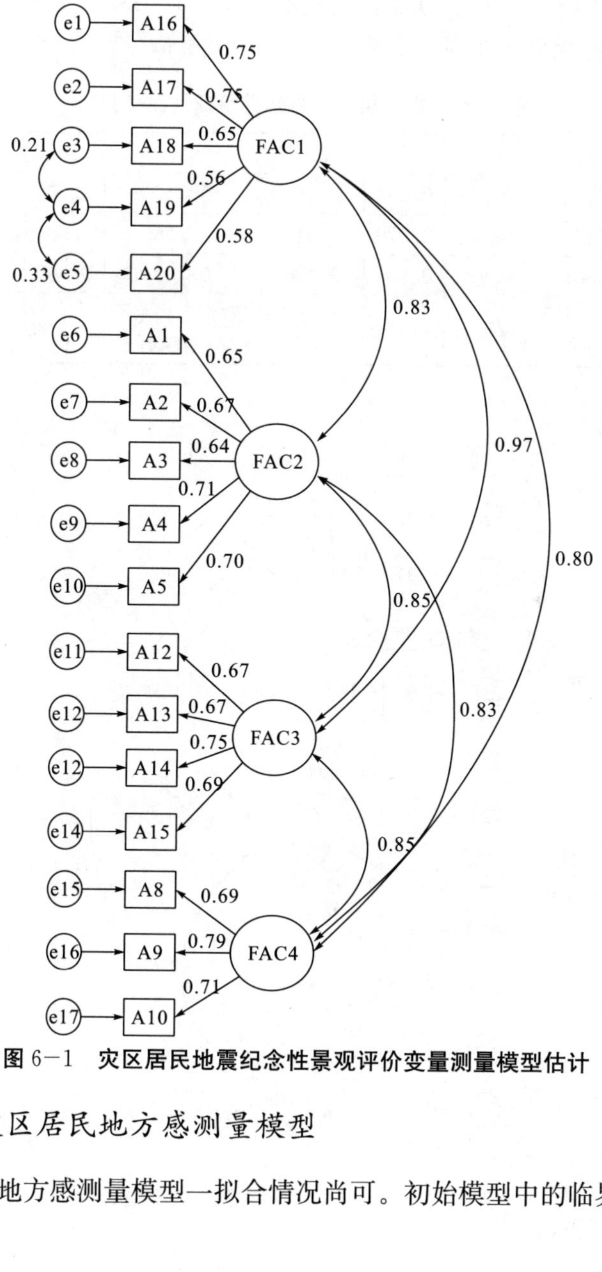

图 6—1　灾区居民地震纪念性景观评价变量测量模型估计

6.5.2.2　灾区居民地方感测量模型

灾区居民地方感测量模型一拟合情况尚可。初始模型中的临界比率均大于

2，但 RMSEA（0.068）等拟合指数接近模型拟合的临界值，因此考虑对模型予以修正。e23 与 e22 的 MI 值很大（31.592），因此在二者之间增加一条相关路径。重新估计模型二，有效降低了 χ^2/df（1.512）、RMSEA（0.045），但 e18 与 e19 的 MI 值仍较大（9.539），故增加路径。经过三轮模型估计，拟合指数均符合标准，表明模型三拟合情况较好，观测变量的标准化估计值（0.572<SRW<0.785）、平方复相关系数（0.593<SMC<0.842）符合标准，能够较好地解释相应的非观测变量（表 6－31，图 6－2）。

表 6－31　灾区居民地方感量验证性因子分析

	χ^2/df	CFI	TLI	RMSEA	PNFI	IFI	备注
模型一	2.111	0.963	0.954	0.068	0.742	0.954	
模型二	1.512	0.984	0.979	0.045	0.746	0.984	e23↔e22
模型三	1.330	0.990	0.987	0.036	0.739	0.990	e18↔e19
参考标准	约接近 1 表示拟合越好	≥0.90	≥0.90	<0.08	越接近 1 表示拟合越好	≥0.90	

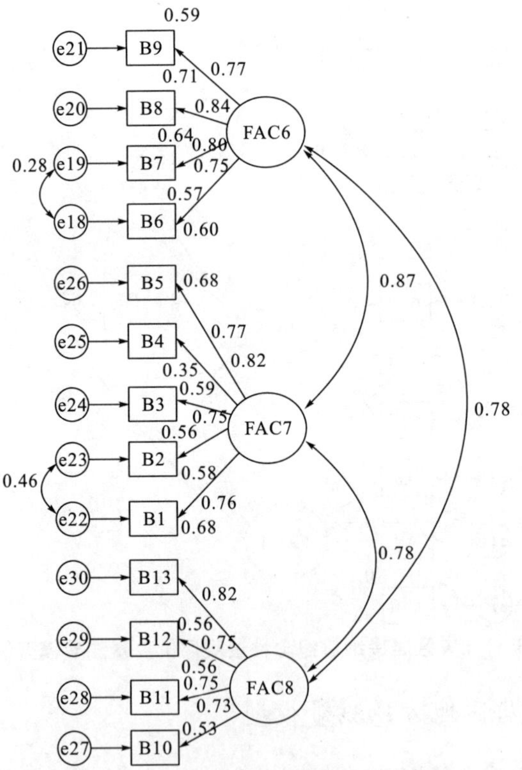

图 6－2　灾区居民地方感测量模型估计

6.5.3 模型测试

将灾区居民地震纪念性景观评价变量测量模型、灾区居民地方感测量模型与景观感知因子、迁居意愿因子组合为结构方程模型。模型共计 120 个变量，含 49 个观测变量，71 个非观测变量。鉴于 CFI（0.895）、TLI（0.889）等几项拟合指标低于标准值，初始结构方程模型拟合情况不理想，有必要对模型予以修正。

首先观察临界比率，CR 值均大于 2，且 P 值在 0.001 水平显著，因此不考虑对模型进行限制，仅能参考修正指数对模型进行扩展。e34 与 e35 的 MI 值很大（45.542），通过在二者之间增加一条相关路径，并重新对模型二估计，使得大多数拟合值均达标，仅 TLI（0.898）尚未达标。经修正，e41 与 e42 的 MI 值依然很大（31.592），故在二者之间增加一条相关路径，得到模型三。重新估计模型三，发现 e43 与 e49 的 MI 值较大（19.382），故在二者之间增加一条相关路径，得到模型四。重新估计模型四，发现 e35 与 e36 的 MI 值较大（24.820），再次增加一条相关路径，得到模型五。重新估计模型五，发现 e34 与 e36 的 MI 值较大（16.533），再次增加一条相关路径，得到模型六。重新估计模型六，发现 e51 与 e52 的 MI 值较大（15.252），再次增加一条相关路径，得到模型七。重新估计模型七，发现 e49 与 e52 的 MI 值较大（10.673），再次增加一条相关路径，得到模型八。重新估计模型八，发现 FAC11←FAC5 的 MI 值较大（20.181），再次增加一条相关路径，得到模型九。经过九轮模型估计，拟合指数均符合标准，观测变量的标准化估计值（$0.572<SRW<0.785$）、平方复相关系数（$0.593<SMC<0.842$）较为理想，能够较好地解释相应的非观测变量（表 6－32，图 6－3）。

表 6－32　灾区居民结构方程模型拟合指数

	χ^2/df	CFI	TLI	RMSEA	PNFI	IFI	备注
模型一	1.574	0.895	0.889	0.048	0.718	0.896	
模型二	1.530	0.903	0.898	0.046	0.724	0.904	e34↔e35
模型三	1.498	0.909	0.904	0.045	0.728	0.910	e41↔e42
模型四	1.480	0.913	0.907	0.044	0.730	0.914	e43↔e49
模型五	1.457	0.913	0.912	0.043	0.733	0.918	e35↔e36
模型六	1.436	0.921	0.916	0.042	0.735	0.922	e34↔e36
模型七	1.422	0.923	0.918	0.041	0.737	0.924	e51↔e52

续表6－32

	χ^2/df	CFI	TLI	RMSEA	PNFI	IFI	备注
模型八	1.414	0.925	0.920	0.041	0.738	0.926	e49↔e52
模型九	1.392	0.929	0.924	0.040	0.740	0.930	FAC11←FAC5
参考标准	约接近 1 表示拟合越好	≥0.90	≥0.90	<0.08	越接近 1 表示拟合越好	≥0.90	

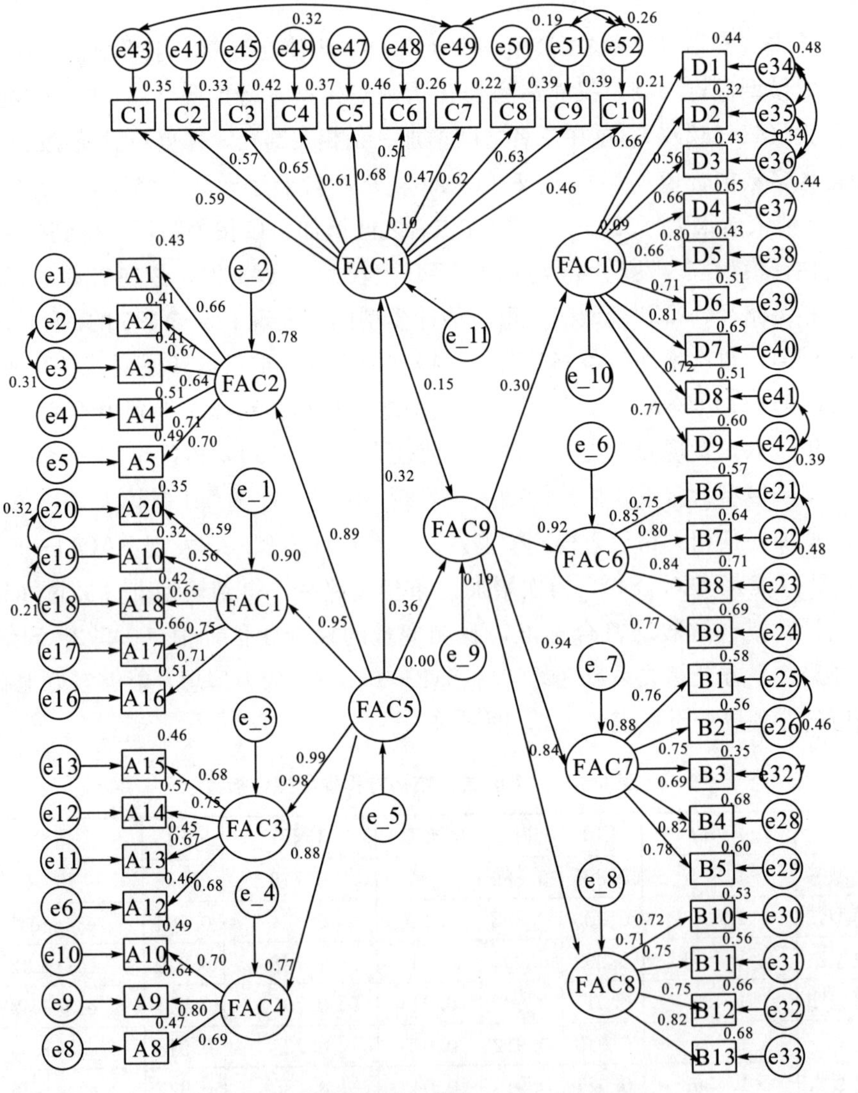

图 6－3　**灾区居民结构方程模型标准化解**

6.5.4　模型解释

观察结构方程模型中的标准化路径系数、临界比率等，验证研究假设的真实性（附录 5）。

直接效应：第一，图文声像与纪念活动（FAC1）、地震遗址与纪念场馆（FAC2）、地标景观与解说系统（FAC3）、墓园与纪念林地（FAC4）对景观评价（FAC5）的直接效应达到显著水平（$0.890<SRW<0.990$，$8.407<t<9.089$，P 值 0.01 水平上显著）。第二，地方认同（FAC6）、地方依恋（FAC7）、地方依赖（FAC8）对地方感（FAC9）的直接效应达到显著水平（$0.840<SRW<0.940$，$9.247<t<10.069$，P 值 0.01 水平上显著）。第三，景观评价（FAC5）对地方感（FAC9）的直接效应达到显著水平（$SRW=0.361$，$t=4.542$，P 值 0.01 水平上显著）。第四，景观评价（FAC5）对景观感知（FAC11）的直接效应达到显著水平（$SRW=0.321$，$t=4.002$，P 值 0.01 水平上显著）。第五，地方感（FAC9）对迁居意愿（FAC10）的直接效应达到显著水平（$SRW=0.301$，$t=4.021$，P 值 0.01 水平上显著）。第六，景观感知（FAC11）对地方感（FAC9）的直接效应达到显著水平（$SRW=0.153$，$t=2.047$，P 值 0.05 水平上显著）。

间接效应：第一，景观评价（FAC5）以景观感知（FAC11）作为中介变量，对于地方感（FAC9）的间接效应为 0.049。第二，景观评价（FAC5）以地方感（FAC9）为中介变量，对于迁居意愿（FAC10）的间接效应为 0.123。第三，景观评价（FAC5）以地方感（FAC9）为中介变量，对于地方认同（FAC6）、地方依恋（FAC7）、地方依赖（FAC8）的间接效应分别为 0.378、0.384、0.345。

总效应：第一，景观评价（FAC5）以景观感知（FAC11）作为中介变量，对于地方感（FAC9）的总效应为 0.572。第二，景观评价（FAC5）以地方感（FAC9）为中介变量，对于迁居意愿（FAC10）的总效应为 0.148。第三，景观评价（FAC5）以地方感（FAC9）为中介变量，对于地方认同（FAC6）、地方依恋（FAC7）、地方依赖（FAC8）的总效应分别为 0.572、0.457、0.416。

6.6　本章小结

本章重点关照地方建构的主观过程，从灾区纪念性空间与活动空间的关系入手，探讨地震纪念性景观如何引导感知，审视纪念性空间中人的行为。首先，从游客凝视与当地居民感知这两个关键性视角，考察景观知觉、地方感的总体特征、差异特征与维度特征。其次，从当地居民感知这一关键性视角出发，聚焦地震纪念性景观知觉为核心的地方感形成过程，考察景观知觉、地方感及其相关潜变量的认知结构关系。

景观知觉部分首先将灾区居民与外地游客数据合并，综合使用描述性统计分析、频次分析探测地震纪念性景观知觉的总体特征。结果表明：大多数调研对象对于全部地震纪念性景观与灾区环境的评价均较好。其次是使用独立样本T检验测试灾区居民与外地游客两组样本的差异特征。结果显示，两组样本分别代表的景观评价与景观感知测试项的均数存在显著差异。就维度特征而言，地震纪念性景观知觉包含地震遗址与纪念场馆、图文声像与纪念活动、地标景观与解说系统、墓园与纪念林地4个维度。

地方感部分的分析过程与景观知觉略有不同，除了总体特征、维度特征，还涉及聚类特征。需要注意的是，此部分中将灾区居民与外地游客两组样本的地方感总体特征及维度特征分别作了测试。鉴于这两类调研对象与地震灾区的情感联系、社会纽带、居住关系等均存在明显不同，因而在地方感测试项的设置上有所区别与侧重，未涉及差异性特征对比（Hernández，et al，2007）。就灾区居民而言，处于第一分值段的测试项均是与地方依恋有关，更多地体现了自我与灾区之间的情感联系。相较而言，外地游客地方感均值排序处于第一分值段的测试项均是地震纪念地对于个人影响程度的问题，更多地体现了对缅怀遇难者和纪念汶川大地震以及抗震救灾等灾害记忆的传承。使用灾区居民数据对地方感测试项进行降维处理的结果延续了三维量表的特征，包括地方认同、地方依赖与地方依赖。逐步聚类分析进一步将受访的灾区居民三个维度的地方感主因子聚合为依恋认同型、依赖依恋型、微弱依赖型三种类型的人群。其中，依赖依恋型与微弱依赖型中占主导地位的人群均来自在北川县居住了10年以上、18岁以下的女性学生群体，接受调研期间她们正处于初中、中专、小学学习阶段。依恋认同型中占主导地位的人群与上述二者基本一致，接受调研期间她们正处于高中、职高学习阶段。

迁居意愿部分的分析仅针对灾区居民。整体上，受访对象在迁居意愿测试项表现出较强的地方依恋特征。大多数受访对象既不太愿意一个人到外地生活，也不愿意搬离现在熟悉的城镇，仅对自己搬离现在熟悉的小区略微不那么抵触。就社会关系依恋维度而言，大多数受访者特别不希望家人独自到外地生活，而熟悉的街坊搬家到外地极可能会使其很感伤，如果镇上的熟人搬家到外地也可能会使其很感伤。就居住环境维度而言，受访对象对家、社区和城镇三个不同尺度的地方依恋没有表现出明显的差异性。方差分析结果表明，北川、汉旺、映秀及四川省内其他地区的受访对象仅在“我不愿意和家人搬到外地生活”“我不愿意搬离现在熟悉的城镇”“如果我和镇上的熟人都搬家会让我很感伤”这个 3 测试项的回答上存在显著差异。

需要特别说明探索性因子分析过程中对调研数据的选取问题。首先，地震纪念性景观评价变量探索性因子分析仅选择灾区居民数据，但最终降维结果与前述将灾区居民和外地游客数据合并后的分析结果保持一致。其次，地方感变量探索性因子分析仅使用随机筛选出的灾区居民 DATA1，降维结果也与灾区居民全部数据分析结果相同。最后，结构方程模型验证了灾区居民地震纪念性景观评价、地方感与景观感知、迁居意愿之前的认知结构关系，并通过直接效应、间接效应与总效应予以解释。结果表明：图文声像与纪念活动、地震遗址与纪念场馆、地标景观与解说系统、墓园与纪念林地分别对景观评价具有直接而显著的影响。其中，地标景观与解说系统对景观评价的影响最为显著。与此类似的情况是，地方认同、地方依恋、地方依赖对地方感的直接效应。其中，地方依恋对地方感的影响最为显著。景观评价分别对地方感、景观感知的直接效应达到显著水平，特别是对地方感的影响稍明显。地方感对迁居意愿的直接效应达到显著水平，但景观感知对地方感的作用偏弱，仅能在 0.05 水平上显著。景观评价以景观感知作为中介变量对于地方感的间接效应极弱，但总效应尚可。相较而言，景观评价以地方感为中介变量对于迁居意愿的间接效应与总效应均偏弱。景观评价以地方感为中介变量，对于地方认同、地方依恋、地方依赖的间接效应尚可，而总效应值稍大于间接效应。

综上所述，地震纪念性景观评价对灾区地方感的构建具有直接而重要的影响。另一个有趣结论是景观评价以景观感知作为中介变量对于地方感的间接效应极弱，但总效应尚可。然而，“景观评价、地方感与迁居意愿”的认知结构特征与“动机、价值与重游意愿”的认知结构特征以及“动机、满意度与重游意愿”的研究范式的差异之处在于如下三个方面：首先是中介变量的差异。前者以地方感作为中介变量，而后两者分别为价值认知和满意度。其次，前者以景观评价作为自变量，而后两者均选择出游动机。最后，前者以迁居意愿作为因变量，后两者均是重游意愿。

第 7 章　结论与讨论

中国的地震纪念性景观是全球地震纪念体系的重要组成部分，由于中国独特的社会经济、政治体制、历史文化等因素，使之又有着自己的独特之处——既是缅怀死难者的纪念空间，又是铭记成功夺取抗击汶川特大地震和灾后恢复重建胜利的重要场所，同时还是地震专题旅游开展的重要场域。正是这种独特性，构成了将地震纪念性景观与震区地方建构作为研究问题的特殊之处（唐勇，等，2018）。本书开篇以汶川地震纪念性景观为研究对象，分析以它们为核心的地方与空间问题。这一基础性的研究内容分别由第 2 章、第 3 章和第 4 章承担。在此基础上，第 5 章和第 6 章分别从“游客凝视”与汶川地震灾区幸存者这两个关键性视角，考察地方感、人类空间体验与行为及其相互关系。

汶川地震纪念性景观空间生产（第 2 章）所关注的是灾后重建中的地震纪念性景观、地震纪念地的黑色旅游之争以及汶川地震后的灾害记忆图式。首先，灾后重建中地震纪念性景观的出现是社会遭受到创伤后的自然反馈。从此意义上，我们不仅重建了物质家园，也重建了意义深远的精神家园，这呈现了地震灾难对于中国社会发展的特殊价值。然而，中国社会对汶川地震之殇的响应方式既有“公众祭奠”与“立碑纪念”这样积极、正面的方式，也存在遗址利用与记忆湮灭的情形。我们虽重视“景观之忆”，也无须苛责“景观失忆”。公众对于地震灾难的选择性记忆，乃至刻意的遗忘是否让灾区笼罩在阴霾之下，是值得深思的问题。“为何汶川地震灾难中的某些部分会被记住，而另一些却被逐渐淡忘?”这一问题固然重要，但似乎更有必要从历史的视角，探究人类如何看待灾难与灾害事件本身及其蕴含的意义，以及灾难与历史观之间的关系。其次，地震纪念地的黑色旅游之争引出了伦理学层面的思考。一方面，中国传统的生死观是否与“死亡景观”“恐怖景观”存在强烈的冲突与矛盾?另一方面，能否将汶川地震纪念地的黑色旅游活动视为当代中国公民社会一种特殊的纪念形式与活动，是否可以理解为新的“纪念传统”（Invention of tradition）的发明，这是值得进一步探讨的问题。不论是“5・12”汶川地震抗震救灾旅游线路，还是计划打造的特色景观、景点，必须考虑地方，特别是公众、市场的态度和反馈，否则“实施意见”并不具有实际的操作性和指导意义。那么，公众是如何看待主题抗震救灾旅游线及其核心旅游产品的呢？最后，汶川地震后的灾害记忆图式反映了中国社会对灾难记忆的封存、唤起和重构的过程。然而，缅怀逝者、铭记抗震救灾和恢复重建的纪念性景观的形成，是一个具有明确意图的塑造过程，其建构主体具有多元性，既有国家主导下的纪念景观，也有民间视角下的纪念景观。如何从社会冲突与博弈的视角对灾害纪念图式加以阐释，并与西方社会的纪念图式作比较，将是非常有意思的话题。

类型学研究（第 3 章）审视了地震纪念性景观的类型、赋存现状与特征，是本书重要的基础性章节。本章充分考虑地震纪念性景观的尺度问题，借鉴前人关于地震遗迹景观、地震遗迹旅游资源的分类方案，聚焦景观的纪念性特征，以空间尺度为一级分类指标，将汶川地震纪念性景观划分为宏观、中观与微观 3 种类型，并以景观类型为二级指标，将其细分为地震纪念地等 11 种亚类。然而，由于技术方法和数据可及性问题，研究结论尚有待进一步完善之处。例如，地震纪念性景观数据量庞大，主要涉及官方建立的景观，对民间自发建立的景观无法逐一统计。再者，部分纪念雕塑、纪念碑与纪念墙在形态上有交叉的情况，难以截然区分。最后，纪念学校等数量庞大，纪念仪式（活动）等抽象的文化景观暂未纳入研究视野。

空间分布研究（第 4 章）揭示了汶川地震纪念性景观的空间聚集性、方向性和相关性特征。汶川地震纪念性景观以“映秀—绵竹—青川”聚集点为核心向外围扩散，主要集中于汶川县、绵竹市、什邡市、北川县、青川县，共涉及 6 个市州，并沿龙门山地震断裂带密集分布，呈现出东北—西南走向，且各个市州在全省尺度下的空间分布存在正相关性。需要进一步讨论的首先是研究范围的选取问题：景观点的自相关分析既可选择省域尺度，也可考虑以地震灾区作为研究范围。以整个四川作为研究范围便于整体比较，但地震纪念性景观受地震波的显著控制，呈现高度聚集状态，出现 15 个市州没有景观点分布的情况。相较而言，汶川地震灾区与地震纪念性景观点联系更为直接、紧密，更能清晰地呈现景观点的空间分布特征，但缺陷是无法考虑超出受灾范围的景观点。因此，后续研究有必要将研究区域做适当调整，既可以考虑扩大为汶川地震所波及的 10 省（区、市）的 417 个县（市、区）（张新跃，等，2009），也可聚焦汶川地震纪念性景观聚集区的内部空间性特征。此外，地震纪念性景观的时空演化及其驱动因素也是需要被重点关注的研究问题。

第5章以前往汶川地震纪念地的国内游客为研究对象，采用结构方程模型，揭示游客选择地震纪念地的黑色旅游动机、游憩价值与重游意愿之间的认知结构关系。研究显示，地震纪念地的出游决策既是为了满足对“死亡景观”的好奇，也是出于对缅怀逝者的责任心理；好奇与责任、社会与尊重、知识与教育是选择到地震纪念地旅游的主要动机；出游动机对游憩价值有着不同程度的影响，并通过“了却夙愿”对重游意愿造成影响。本章从国内外研究较为薄弱的“自然灾难纪念地的公众认知”入手，揭示了出游动机、游憩价值与重游意愿之间的微妙关系，研究结论有望为促进龙门山地震断裂带黑色旅游活动与灾后重建区社会文化协调发展提供借鉴。然而，样本数量的相对局限性可能会影响研究结论的准确性；结构方程模型拟合条件也约束了路径关系的选取以及变量的取舍（Nunkoo，Ramkissoon，2012；Nunkoo，et al，2013；Nusair，Hua，2010；谢彦君，余志远，2010；高军，马耀峰，吴必虎，2012）。

第6章对地震纪念性景观知觉与地方感关联性问题的研究策略是：分别从游客凝视与当地居民感知这两个关键性视角，考察景观知觉、地方感的总体特征、差异特征与维度特征。在此基础上，从当地居民感知这一关键性视角出发，聚焦以地震纪念性景观知觉为核心的地方感形成过程，考察景观知觉、地方感及其相关潜变量的认知结构关系。本章所得出的几处重要且值得进一步探讨的问题包括：首先，约20%的受访对象出现负面情绪，感到压抑、紧张，倾向于认为地震纪念性景观人工建造的痕迹过重，17.8%的人认为无趣。虽然地震纪念性景观无意于迎合所有的参观者，但确有必要关注部分调研对象较为负面的景观感知。其次，地震纪念性景观评价对灾区地方感的构建有着直接而重要的影响。另一个有趣结论是景观评价以景观感知作为中介变量对于地方感的间接效应极弱，但总效应尚可。这主要是由于景观感知对地方感的作用偏弱使然。然而，这似乎能够印证地震纪念性景观评价及其景观感知的叠加能够强化对地方感的作用效果。最后，当我们将研究视野延伸到迁居意愿时，景观评价、地方感、迁居意愿之间关系并不完全等同于出游动机通过满意度对重游意愿所产生的正向影响，原因在于地方感在景观评价与迁居意愿之间虽然扮演着中介变量的作用，但对于迁居意愿的影响力偏弱。这意味着即使景观评价较好，正向的地方感亦强烈，也并不一定能对迁居意愿产生较为强烈的影响。灾后重建的目的之一是希望灾区居民安居乐业，不希望他们有强烈的迁居意愿。为达成这一目标，仅从地震纪念性景观评价、地方感建构两个方面着力显然是不够的，灾后重建在时间维度和空间尺度上需要考虑的因素将必然涉及社会、经济、文化等诸多方面。

综上所述，本书研究的不足之处主要有如下几点：第一，尚未基于震区特殊的社会文化环境，探讨地方感这个传统概念维度的构成及其推进的可能性，特别是考察地震纪念性景观、地方感建构及其与灾难记忆、国家认同等的互动关系。第二，“公众参与式认知地图”（Public participation GIS-PPGIS）是近年来探测景观与地方感关系的重要方法（Brown，et al，2009，2015；曾兴国，等，2013）。由于技术条件、研究经费等因素的限制，本书未能将公众参与式认知地图方法从行为地理学迁移到文化地理学研究，实现外在环境与文化心理的对接，从而更好地解答社会文化心理等对景观感知和认知的作用。第三，灾难事件及其纪念意义之争表明了景观、文化、社会、集体记忆之间的联系。景观的符号体系、象征体系将帮助人们实现跨越时空阻隔的交流，人们通过塑造景观来实现与未来沟通的目的。虽然不同社会、不同文化有诸如宗教仪式、口头传承等多种保存共同的价值观、信仰的方式，但是景观类似于文字记载，是一种能够长时间存留的视觉表现形式，其特色鲜明、优势突出。本书没有涉足纪念碑为核心的纪念性景观意义的讨论，这无疑是一大遗憾。第四，地震纪念性景观的物质空间和情感空间生产对于地方营造以及国家认同强化具有重要意义。后续研究需要在把握普通大众对地震纪念遗产的规律性认识的基础上，从强化国家认同的角度来促进地震纪念遗产社会文化价值的发挥，从而将理论探讨引入对策分析的现实层面。第五，随着 20 世纪末人文社会科学“空间转向”（Jameson，1991）和“叙事转向”（Herman，1999），叙事学与地理学呈现多元联结：一方面是地理学叙事转向背景下真实世界中的“空间叙事”（Spatializing narrative）；另一方面是叙事学空间转向所生成的“叙事空间”（Narrating space）（Ryan，Foote，Azaryahu，2016；陈晓辉，2013）。在此背景下，时间与故事如何通过实体景观、文化景观叙事在震区封闭与开放空间中再现，如何对地震纪念性景观叙事空间的表征、意图、意义等展开地理批评，如何看待震区特殊叙事空间的景观知觉、地方感、空间体验与空间行为及其关系，特别是地震纪念性景观叙事对地方建构直接而重要的影响，均是叙事地理学研究的重要问题。

参考文献

阿坝州地方志办公室. 汶川特大地震阿坝州抗震救灾志（上、中、下）[M]. 北京：方志出版社，2013.

艾南山. “5·12”地震灾后重建的地理学思考//范晓，艾南山. 成都平原与龙门山：环境、可持续发展与在乎重建——旅游地学研究与旅游资源开发（第六集）[C]. 北京：中国林业出版社，2009：109－111.

北川羌族自治县人民政府. 汶川特大地震北川抗震救灾志 [M]. 北京：方志出版社，2016.

毕硕本，万蕾，沈香，等. 郑洛地区史前聚落分布特征的空间自相关分析 [J]. 测绘科学，2018，43（5）：87－94.

蔡永洁. “5·12”汶川特大地震纪念馆，北川，四川，中国 [J]. 世界建筑，2016（5）：98－99.

曾献君，杨瑞，廖兰. 基于感应认知原理的汶川灾区黑色旅游资源开发探讨 [J]. 旅游论坛，2009，2（1）：56－61.

曾兴国，任福，杜清运，等. 公众参与式地图制图服务的设计与实现 [J]. 武汉大学学报（信息科学版），2013，38（8）：950－953.

曾秀梅，谢小平，陈园园. 青川东河口地震遗址公园景观与旅游解说系统的构建分析 [J]. 云南地理环境研究，2010，22（6）：76－79.

畅秀俊，张恒亮，贾欣丽. 汶川地震牛眠沟高速远程滑坡动力学过程研究 [J]. 勘察科学技术，2013（4）：10－15.

陈国磊，张春燕，罗静，等. 中国红色旅游经典景区空间分布格局 [J]. 干旱区资源与环境，2018，32（9）：196－202.

陈浩，李勇，董顺利，等. 汶川 8.0 级地震地表破裂白鹿镇段的变形特征 [J]. 自然杂志，2009，31（5）：268－271.

陈晓辉. 叙事空间抑或空间叙事 [J]. 西北大学学报（哲学社会科学版），2013，43（3）：156－159.

陈星，张捷，卢韶婧，等．自然灾害遗址型黑色旅游地参观者动机研究——以汶川地震北川遗址公园为例［J］．地理科学进展，2014（7）：979－989.

成都市地方志编纂委员会．汶川特大地震成都抗震救灾志［M］．北京：方志出版社，2013.

程晓芳，张希．四川省旅游局：未接到汶川映秀地震遗址5A旅游景区申报材料［EB/OL］．［2012－02－23］．http://travel.people.com.cn/GB/17193903.html.

崇州市地方志编纂委员会．汶川特大地震崇州抗震救灾志［M］．成都：巴蜀书社，2014.

都江堰市地方志办公室．汶川特大地震都江堰抗震救灾志［M］．北京：中国铁道出版社，2013.

杜辉．地震之后：废墟、纪念地与文化景观视觉化［J］．西南民族大学学报（人文社科版），2016，37（8）：17－22.

杜若菲，王红扬，史北祥，等．战争遗址纪念碑的价值评价——以南京大屠杀遗址纪念碑为例［J］．上海城市规划，2016（5）：129－135.

段禹农，刘丰果，历华．四川地震灾区环境景观成果研究［M］．成都：四川大学出版社，2016.

方叶林，黄震方，涂玮，等．黑色旅游外文文献研究述评［J］．南京师范大学学报（自然科学版），2013，36（2）：132－138.

方叶林，黄震方，涂玮，等．战争纪念馆游客旅游动机对体验的影响研究——以南京大屠杀纪念馆为例［J］．旅游科学，2013，27（5）：64－75.

方叶林，黄震方，王坤，等．不同时空尺度下中国旅游业发展格局演化［J］．地理科学，2014，34（9）：1025－1032.

方一平．试论汶川地震灾后重建的9大关系［J］．山地学报，2008，26（4）：390－395.

方远平，唐艳春，赖慧珍．从公共纪念空间到公共休闲空间：广州起义烈士陵园的空间生产［J］．热带地理，2018，38（5）：617－628.

冯淑华．公益化背景下纪念馆游客的旅游动机及其行为研究——以南昌八一起义纪念馆为例［J］．旅游论坛，2008（5）：177－184.

甘露，刘燕，卢天玲．汶川地震后入川游客的动机及对四川旅游受灾情况的感知研究［J］．旅游学刊，2010，25（1）：59－64.

高军，马耀峰，吴必虎．结构方程模型之旅游研究近况——理性回顾、审视与反思［J］．旅游学刊，2012，27（7）：98－111.

郭晓军，向灵芝，周小军，等. 高家沟泥石流和深溪沟泥石流灾害特征［J］. 灾害学，2012，27（3）：81−85.

韩基韬. “汶川特大地震10周年记忆图片展”在欧洲议会举办［EB/OL］.［2018−02−23］. http://news.163.com/18/0223/10/DBATDJTO000187VI.html.

杭州市支援青川县灾后恢复重建工作办公室，杭州市人民政府地方志办公室. 杭州市支援四川抗震救灾和青川灾后恢复重建志［M］. 北京：方志出版社，2011.

何镜堂，郑少鹏，郭卫宏. 大地的纪念：映秀·汶川大地震震中纪念地［J］. 时代建筑，2012（2）：106−111.

何茜，王晓易. 什邡京什旅游文化特色街开业［EB/OL］.［2011−05−19］. http://news.cntv.cn/20110519/103559.shtml.

何疏悦，王春芳，季建乐. 让人文关怀介入城市纪念性景观公园的构建——以纽约爱尔兰饥荒纪念公园为例［J］. 中国园林，2014，30（4）：120−124.

何正强，何镜堂，郑少鹏，等. 大地的纪念——汶川映秀镇地震纪念体系规划及震中纪念地设计［J］. 建筑学报，2010（9）：23−32.

胡兴华，徐一鸣. 不垮的家园——记青川地震博物馆设计［J］. 四川建筑，2011，31（3）：46−49.

黄承伟，赵旭东. 汶川地震灾后贫困村重建与本土文化保护研究［M］. 北京：社会科学文献出版社，2010.

黄润秋，李为乐. “5·12”汶川大地震触发地质灾害的发育分布规律研究［J］. 岩石力学与工程学报，2008，27（12）：2585−2592.

姜建军. 中国国家地质公园建设工作指南［M］. 北京：中国大地出版社，2006.

阚兴龙，李辉，周永章. 汶川地震旅游资源开发研究［J］. 热带地理，2008，28（5）：478−482.

康璟瑶，章锦河，胡欢，等. 中国传统村落空间分布特征分析［J］. 地理科学进展，2016，35（7）：839−850.

肯尼斯·富特. 灰色大地：美国灾难与灾害景观［M］. 唐勇，译. 成都：四川大学出版社，2016.

孔纪名，阿发友，邓宏艳，等. 基于滑坡成因的汶川地震堰塞湖分类及典型实例分析［J］. 四川大学学报（工程科学版），2010，42（5）：44−51.

李碧雄，邓建辉. 龙门山断裂带深溪沟段断层物质的物理力学性质试验研究

[J]. 岩石力学与工程学报，2011 (s1)：2653－2660.

李传友，叶建青，谢富仁，等. 汶川 Ms 8.0 地震地表破裂带北川以北段的基本特征 [J]. 地震地质，2008，30 (3)：683－696.

李凡，朱竑，黄维. 从地理学视角看城市历史文化景观集体记忆的研究 [J]. 人文地理，2010，25 (4)：60－66.

李方正，李雄. 漫谈纪念性景观的叙事手法 [J]. 山东农业大学学报（自然科学版），2013，44 (4)：598－603.

李逢春. 映秀“5・12 震中纪念地”争创国家 5A 景区 [N/OL]. 华西都市报. [2012－02－20]. http://wccdaily.scol.com.cn/epaper/hxdsb/html/2012－02/20/content_422723.htm.

李开然. 纪念性景观的涵义 [J]. 风景园林，2008 (4)：46－51.

李开然. 景观纪念性导论 [M]. 北京：中国建筑工业出版社，2005.

李敏，张捷，董雪旺，等. 目的地特殊自然灾害后游客的认知研究——以“5・12”汶川地震后的九寨沟为例 [J]. 地理学报，2011，66 (12)：1695－1706.

李敏，张捷，钟士恩，等. 地震前后灾区旅游地国内游客旅游动机变化研究——以“5・12”汶川地震前后的九寨沟为例 [J]. 地理科学，2011，31 (12)：1533－1540.

李琼. 灾后游客让渡价值对旅游景点认知度的影响研究——以汶川地震后都江堰景区为例 [J]. 西南民族大学学报（人文社会科学版），2011，32 (8)：141－145.

李珊珊. 美国国家二战纪念园景观设计 [J]. 规划师，2006 (4)：94－96.

李晓东，危兆盖. 留给后人永恒的记忆 [EB/OL]. [2013－05－14]. http://news.ifeng.com/gundong/detail_2013_05/14/25254143_0.shtml.

李兴钢，付邦保，张音玄，等. 虚像、现实与灾难体验——建川文革镜鉴博物馆暨汶川地震纪念馆设计 [J]. 建筑学报，2010 (11)：44－47.

李彦辉，朱竑. 地方传奇、集体记忆与国家认同——以黄埔军校旧址及其参观者为中心的研究 [J]. 人文地理，2013，28 (6)：17－21.

李彦辉，朱竑. 国外人文地理学关于记忆研究的进展与启示 [J]. 人文地理，2012，27 (1)：11－15.

李永祥. 灾害场景的解释逻辑、神话与文化记忆 [J]. 青海民族研究，2016，27 (3)：1－5.

李勇，黄润秋，DENSMORE A L，等. 龙门山彭县—灌县断裂的活动构造于

地表破裂 [J]. 第四纪研究，2009，29 (3)：403－415.
李玥，王文威. 传承与记忆——汶川博物馆设计 [J]. 新建筑，2010 (3)：54－57.
李悦. 严重自然灾难后游客风险认知研究——以汶川地震灾后恢复营销为例 [J]. 理论与改革，2010 (2)：85－88.
梁波，王晓易. 北川一座新县城的崛起 [EB/OL]. [2017－06－04]. http://news.163.com/10/0512/06/66FBTHGM00014AED.html.
廖兴友. 地震工业遗址公园落户汉旺 [EB/OL]. [2009－02－28]. http://news.sina.com.cn/o/2009－02－28/074015234047s.shtml.
刘滨谊，姜珊. 纪念性景观的视觉特征解析 [J]. 中国园林，2012，28 (3)：22－30.
刘滨谊，李开然. 纪念性景观设计原则初探 [J]. 规划师，2003，19 (2)：21－25.
刘建军，段玉忠. 唐家山堰塞湖抢险施工总结 [J]. 水利水电技术，2008，39 (8)：10－14.
刘利雄. 汶川震后恢复重建城市公共空间规划设计研究 [D]. 广州：华南理工大学，2015.
刘玲，许自力. 中西方传统纪念性景观差异比较与演变 [J]. 安徽农业科学，2017，45 (1)：158－161.
刘世明. 灾难遗址地旅游开发研究——基于汶川大地震的案例 [J]. 河北大学学报（哲学社会科学版），2009，34 (3)：77－80.
刘顺，王琦. 地震遗址守护人何先通告诉人们灾害过后要珍惜生命好好生活 [EB/OL]. [2015－04－18]. https://www.yoyojiu.com/xinwen/201504/124491.shtml.
刘贤. 汶川映秀震中纪念地创建 5A 级景区获当地民众支持 [N/OL]. 中国新闻网. [2012－02－23]. http://www.chinanews.com/df/2012/02－23/3692537.shtml.
刘妍，唐勇，田光占，等. “5·12”汶川大地震后成都大熊猫繁育研究基地入境游客旅游动机研究 [J]. 成都理工大学学报（社会科学版），2009，17 (2)：17－22.
卢云亭，侯爱兰. 震迹、震记游旅资源的研究 [J]. 资源开发与保护，1989 (3)：51－53.
马会丽，王宏志，李细归，等. 中国博物馆空间分布特征的多尺度分析 [J].

人文地理，2017，32（6）：87－94.
毛小岗，宋金平，冯徽徽，等. 基于结构方程模型的城市公园居民游憩满意度［J］. 地理研究，2013，32（1）：166－178.
欧阳桦，杨婷婷. 纪念性旅游园区植物景观空间的营造——以重庆市忠县将军林为例［J］. 西部人居环境学刊，2013（6）：99－103.
潘竟虎，李俊峰. 中国A级旅游景点空间分布特征与可达性［J］. 自然资源学报，2014，29（1）：55－66.
彭晋川，陈维锋. 四川汶川8.0级地震典型遗址遗迹综合评估［J］. 灾害学，2008，23（5）：478－482.
齐超，邢爱国，殷跃平，等. 东河口高速远程滑坡—碎屑流全程动力特性模拟［J］. 工程地质学报，2012，20（3）：334－339.
钱莉莉，张捷，郑春晖，等. 地理学视角下的集体记忆研究综述［J］. 人文地理，2015，30（6）：7－12.
乔建平，黄栋，杨宗佶，等. 汶川大地震宏观震中问题的讨论［J］. 灾害学，2013，28（1）：1－5.
秦杉. 李长春：在四川考察进一步弘扬伟大的抗震救灾精神［EB/OL］.［2009－02－14］. http://finance.ifeng.com/roll/20090214/372021.shtml.
邱慧，周强，赵宁曦，等. 旅游者与当地居民的地方感差异分析——以黄山屯溪老街为例［J］. 人文地理，2012（6）：151－157.
邱建. 汶川地震震中映秀镇灾后重建规划思路［J］. 规划师，2009，25（5）：55－56.
任慧子，曹小曙. 公元前1831年—公元1980年中国地震灾害对交通影响的时空分布及其类型［J］. 地理科学进展，2011，30（7）：875－882.
社论. 汶川映秀争创5A级景区遭质疑，是地震遗址还是景区［EB/OL］.［2012－02－21］. http://travel.people.com.cn/GB/17168262.html.
什邡市地方志编纂委员会. 汶川特大地震什邡抗震救灾志［M］. 北京：方志出版社，2014.
史春云，张捷，尤海梅. 游客感知视角下的旅游地竞争力结构方程模型［J］. 地理研究，2008，27（3）：703－714.
侍非，高才驰，孟璐，等. 空间叙事方法缘起及在城市研究中的应用［J］. 国际城市规划，2014，29（6）：99－103.
侍非，毛梦如，唐文跃，等. 仪式活动视角下的集体记忆和象征空间的建构过程及其机制研究——以南京大学校庆典礼为例 [J]. 人文地理，2015，30 (1)：56-63.
四川省地方志工作办公室. 汶川特大地震四川抗震救灾志 [M]. 成都：四川人民出版社，2018.
四川省旅游局文件 汶川大地震抗震救灾旅游线要素整合实施意见 [Z]. 成都：四川省旅游局，2009.
四川省人民政府办公厅文件（川办发 [2011] 42 号）四川省人民政府办公厅关于组织实施汶川地震灾区发展振兴规划的意见 [Z]. 成都：四川省人民政府办公厅，2011.
四川省人民政府文件（川府发 [2011] 26 号）四川省人民政府关于印发汶川地震灾区发展振兴规划（2011—2015 年）的通知 [Z]. 成都：四川省人民政府，2011.
四川省人民政府文件（第 39 次常务会议审议）北川、映秀、汉旺、深溪沟地震遗址遗迹保护及博物馆建设项目规划 [Z]. 成都：四川省人民政府，2009.
四川省住房和城乡建设厅. “5·12”汶川特大地震四川灾后重建城乡规划实践 [M]. 北京：中国建筑工业出版社，2013.
宋玉蓉，卿前龙. 基于游客动机的汶川地震遗址旅游吸引力研究 [J]. 四川师范大学学报（社会科学版），2011，38 (5)：158-163.
苏勤，钱树伟. 世界遗产地旅游者地方感影响关系及机理分析——以苏州古典园林为例 [J]. 地理学报，2012，67 (8)：1137-1148.
孙军涛，牛俊杰，张侃侃，等. 山西省传统村落空间分布格局及影响因素研究 [J]. 人文地理，2017，32 (3)：102-107.
孙萍，张永双，殷跃平，等. 东河口滑坡—碎屑流高速远程运移机制探讨 [J]. 工程地质学报，2009，17 (6)：737-744.
唐浩，唐勇. 基于熵权的模糊物元模型在汶川地震遗迹旅游发展适宜性评价中的应用 [J]. 国土资源科技管理，2011，28 (6)：82-87.
唐弘久，张捷. 突发危机事件对游客感知可进入性的影响特征——以汶川“5·12”大地震前后九寨沟景区游客为例 [J]. 地理科学进展，2013，32 (2)：251-261.
唐文跃. 城市居民游憩地方依恋特征分析——以南京夫子庙为例 [J]. 地理科学，2011，31 (10)：1202-1207.
唐勇，覃建雄，邓贵平，等. 地震遗迹景观研究进展及其分类方案探讨 [J].

热带地理，2011，31（3）：334－338.
唐勇，覃建雄，李艳红，等．汶川地震遗迹旅游资源分类及特色评价［J］．地球学报，2010，31（4）：575－584.
唐勇，覃建雄，李艳红，等．震后赴川入境旅游者满意度评价研究［J］．人文地理，2011，26（1）：140－144.
唐勇，向凌潇，钟美玲，等．汶川地震纪念地黑色旅游动机、游憩价值与重游意愿认知结构关系研究［J］．山地学报，2018，36（3）：422－431.
唐勇．后汶川地震时期地震遗产旅游综合集成发展模式研究［J］．灾害学，2014，29（1）：93－98.
唐勇．龙门山地震地质遗迹景观体系与旅游发展模式研究［M］．成都：四川大学出版社，2012：27－53.
童辉，周喜丰，倪志刚．108块砖头上的阳光笑脸［EB/OL］．［2009－05－12］．http://hn.rednet.cn/c/2010/11/04/2103912.htm.
汪芳，孙瑞敏．传统村落的集体记忆研究——对纪录片《记住乡愁》进行内容分析为例［J］．地理研究，2015，34（12）：2368－2380.
王冰．汉旺（东汽）工业地震遗址正式对外开放了［EB/OL］．［2014－08－05］．http://www.mztoday.gov.cn/show.php?id=13669.
王春振，陈国阶，谭荣志，等．“5·12”汶川地震次生山地灾害链（网）的初步研究［J］．四川大学学报（工程科学版），2009，41（S1）：84－88.
王冬青．纪念性景观的象征表达手法探析［J］．装饰，2005（11）：119.
王飞，蒋朝晖，朱子瑜，等．从“拼贴”到“整合”——北川抗震纪念园的规划设计手法［J］．城市规划，2011，35（S2）：100－103.
王金伟，王士君．黑色旅游发展动力机制及“共生”模式研究——以汶川8.0级地震后的四川为例［J］．经济地理，2010，30（2）：339－344.
王金伟，张赛茵．灾害纪念地的黑色旅游：动机、类型化及其差异——以北川地震遗址区为例［J］．地理研究，2016，35（8）：1576－1588.
王明平．京什旅游文化特色街昨亮相［EB/OL］．［2011－05－20］．http://news.ifeng.com/gundong/detail_2011_05/20/6508326_0.shtml.
王卫民，赵连锋，李娟，等．四川汶川8.0级地震震源过程［J］．地球物理学报，2008，51（5）：1403－1410.
王晓葵．“灾后重建”过程的国家权力与地域社会——以灾害记忆为中心［J］．河北学刊，2016，36（5）：161－166.
王晓易．广东援建汶川功成［EB/OL］．［2010－10－11］．http://news.163.

com/10/1011/03/6IMDF9T100014AED.html.
王昕，齐欣，韦杰．中国黑色旅游资源空间分布研究［J］．重庆师范大学学报（自然科学版），2013，30（1）：101－105.
王欣，谢雄，王崑．哈尔滨纪念性景观调查研究［J］．黑龙江生态工程职业学院学报，2010，23（2）：13－14.
王越．纪念地与纪念性博物馆比较研究——以纪念对象主体周恩来为例［J］．中国博物馆，2017（1）：29－34.
闻讯．《汶川特大地震四川抗震救灾文献选》出版［J］．巴蜀史志，2013（4）：57.
汶川特大地震安县抗震救灾志编纂委员会．汶川特大地震安县抗震救灾志［M］．北京：方志出版社，2015.
汶川特大地震抗震救灾志编纂委员会．汶川特大地震抗震救灾志［M］．北京：方志出版社，2016.
汶川特大地震彭州抗震救灾志编纂委员会．汶川特大地震彭州抗震救灾志［M］．北京：方志出版社，2014.
汶川县史志编纂委员会办公室．“5·12”汶川特大地震汶川县抗震救灾志［M］．北京：中国文史出版社，2013.
吴佳雨．国家级风景名胜区空间分布特征［J］．地理研究，2014，33（9）：1747－1757.
吴良平，张健，王汝辉．汶川大地震对四川省旅游风景区与游客分布的影响——基于SARIMA模型与线性回归分析研究［J］．旅游论坛，2012，5（5）：61－66.
吴长福，张尚武，卢永毅，等．永恒北川——北川国家地震遗址博物馆项目概念设计［J］．城市规划学刊，2009（3）：1－12.
吴长福，张尚武，汤朔宁．精神家园的守护与重建——北川地震纪念馆项目整体设计［J］．建筑学报，2010（9）：22－26.
武小慧．南京雨花台烈士陵园纪念区植物景观配置赏析［J］．中国园林，2004，20（5）：47－50.
萧延中，谈火生，唐海华，等．多难兴邦：汶川地震见证中国公民社会的成长［M］．北京：北京大学出版社，2009.
谢洪，钟敦伦，矫震，等．2008年汶川地震重灾区的泥石流［J］．山地学报，2009，27（4）：501－509.
谢彦君，余志远．SEM在中国旅游研究中的方法论应用问题［J］．旅游科学，

2010，24（3）：20－28.

许冲，徐锡伟，吴熙彦，等. 2008年汶川地震滑坡详细编目及其空间分布规律分析［J］. 工程地质学报，2013，21（1）：25－44.

许林，孙祖桐. 我国地震旅游资源及开发利用［J］. 国际地震动态，2000（9）：11－15.

颜丙金，张捷，李莉，等. 自然灾害型景观游客体验的感知差异分析［J］. 资源科学，2016，38（8）：1465－1475.

杨纯红. 记忆震灾历史 寄望美好未来——何镜堂院士谈汶川地震纪念园的创作［J］. 中华民居，2009（5）：8－13.

杨忍，刘彦随，龙花楼，等. 中国村庄空间分布特征及空间优化重组解析［J］. 地理科学，2016，36（2）：170－179.

杨至德. 纪念性景观设计［M］. 南京：江苏凤凰科学技术出版社，2014.

叶列平，李易，潘鹏. 漩口中学建筑震害调查分析［J］. 建筑结构，2009（11）：54－57.

余里. "'5·12'地震诗歌墙"在四川什邡落成［EB/OL］.［2011－04－28］. http://news.163.com/11/0428/22/72ORHEQN00014JB5.html#from=relevant.

宇岩，欧国强，王钧，等. 信息熵在震后深溪沟流域泥石流危险度评价中的应用［J］. 防灾减灾工程学报，2017，37（2）：264－272.

禹文豪，艾廷华，杨敏，等. 利用核密度与空间自相关进行城市设施兴趣点分布热点探测［J］. 武汉大学学报（信息科学版），2016，41（2）：221－227.

袁修柳，王保云，何夏芸. 昆明市2000—2010年乡镇人口空间自相关及其时空演变分析［J］. 测绘与空间地理信息，2018，41（3）：16－19.

张迪，马喜生. 映秀人立碑感恩东莞［EB/OL］.［2011－05－13］. http://epaper.so uthcn.com/nfdaily/html/2011－05/13/content_6959788.htm.

张红卫，王向荣. 漫谈当代纪念性景观设计［J］. 中国园林，2010，26（9）：38－42.

张红卫，张睿. 美国"国家纪念景观"简介及其启示［J］. 中国园林，2016，32（3）：67－71.

张宏梅，陆林，蔡利平，等. 旅游目的地形象结构与游客行为意图——基于潜在消费者的本土化验证研究［J］. 旅游科学，2011，25（1）：35－45.

张宏平.《汶川大地震》《美好新家园》大型画册英文版全球首发［N/OL］. 四

川日报. [2012－04－16]. http://dzb.scdaily.cn/2012/04/17/20120417706104022279.htm.

张宏平. 王东明参加汶川特大地震五周年纪念活动 [N/OL]. 四川日报. [2013－06－09]. http://special.scol.com.cn/13shuji/tp/20130609/201369154445.htm.

张家旗，陈爽，DAMAS W，等. 坦桑尼亚人口分布空间格局及演变特征 [J]. 地理科学进展，2017，36 (5)：610－617.

张捷，卢韶婧，杜国庆，等. 中、日都市旅游街区书法景观空间分异及其文化认同比较研究 [J]. 地理科学，2014，34 (7)：831－839.

张捷，卢韶婧，蒋志杰，等. 中国书法景观的公众地理知觉特征——书法景观知觉维度调查 [J]. 地理学报，2012，67 (2)：230－238.

张敏，汪芳. 北京市居民的历史地段的地方感研究 [J]. 城市问题，2013 (9)：43－51.

张维亚，陶卓民，蔡碧凡，等. 基于结构方程模型的遗产旅游地网站营销路径——以中国世界遗产地官方网站为例 [J]. 地理研究，2013，32 (9)：1747－1760.

张文. 宋人灾害记忆的历史人类学考察 [J]. 西南民族大学学报（人文社会科学版)，2014，35 (10)：15－20.

张云. 刍议东西方纪念性景观规划布局的特点 [J]. 中国农学通报，2009，25 (22)：194－200.

赵纪军，陈纲伦. 从园林到景观——武昌首义公园纪念性之表现研究 [J]. 新建筑，2011 (5)：35－39.

赵凯，唐晶，郑东军. 纪念性景观的文化表达——郑州市大禹文化苑景观设计探析 [J]. 华中建筑，2013，31 (1)：153－156.

郑春晖，张捷，钱莉莉，等. 黑色旅游者行为意向差异研究——以侵华日军南京大屠杀遇难同胞纪念馆为例 [J]. 资源科学，2016，38 (9)：1663－1671.

郑群明，夏赞才，罗文斌，等. 世界遗产申报对居民地方感的影响——以湖南崀山为例 [J]. 旅游科学，2014，28 (1)：54－64.

郑少鹏，何镜堂，郭卫宏. 隐、现中叙述记忆与希望——汶川大地震震中纪念馆创作思考 [J]. 建筑学报，2013 (1)：74－75.

中华人民共和国国务院令（第526号）汶川地震灾后恢复重建条例 [Z]. 北京：中华人民共和国国务院办公厅，2008.

中华人民共和国国务院文件（国发［2008］22号）国务院关于做好汶川地震灾后恢复重建工作的指导意见［Z］．北京：中华人民共和国国务院办公厅，2008.

中华人民共和国国务院文件（国发［2008］31号）国务院关于印发汶川地震灾后恢复重建总体规划的通知［Z］．北京：中华人民共和国国务院办公厅，2008.

钟美玲，刘雨轩．云南腾冲地热景观空间分布研究［J］．地质与勘探，2018，54（2）：389－394.

周俐君，陈璐．从上海到四川：十年前家乡需要我 十年后家乡吸引我［EB/OL］．［2018－05－11］．http://www.sohu.com/a/231310027_100160824.

周庆华，李岳岩，陈静，等．四川汉旺地震遗址保护地概念规划探讨［J］．规划师，2010，26（2）：44－49.

周玮，黄震方，唐文跃，等．基于城市记忆的文化旅游地游后感知维度分异——以南京夫子庙秦淮风光带为例［J］．旅游学刊，2014，29（3）：73－83.

朱竑，刘博．地方感、地方依恋与地方认同等概念的辨析及研究启示［J］．华南师范大学学报（自然科学版），2011（1）：1－8.

朱竑，钱俊希，封丹，等．空间象征性意义的研究进展与启示［J］．地理科学进展，2010，29（6）：643－648.

朱丽．汶川地震九周年——重建，重生［EB/OL］．［2018－08－17］．http://www.nwsuaf.edu.cn/xstd/76777.htm.

祝兵，崔圣爱，喻明秋．汶川地震跨断裂带小鱼洞大桥地震破坏分析［J］．公路交通科技，2010，27（1）：78－83.

庄惟敏，任飞，蔡俊，等．北川抗震纪念园幸福园展览馆，四川，中国［J］．世界建筑，2015（10）：102－107.

邹和平，刘玉亮，郑卓，等．“5·12”汶川大地震极震区灾害致因初析［J］．中山大学学报（自然科学版），2009，48（2）：131－135.

左冰，周东营．基于SEM的黄埔军校旧址纪念馆旅游解说效果评价［J］．热带地理，2014，34（2）：209－216.

ALDERMAN D H, DWYER O J. Memorials and monuments[J]. International Encyclopedia of Human Geography, 2009(7): 51－58

ALDERMAN D H. A street for a king: Naming places and commemoration[J]. The Professional Geographer, 2000, 52(4): 672－684.

ALLAGAOGLU A. A typical place to battlefield tourism: Gallipoli peninsula historical national park[J]. Milli Folklor, 2008(78): 88-104.

ALTMAN W M, PARNELEE P A. Discrimination based on age: The special case of the institutionalized aged[M]. New York: Springe-Verlag, 1992.

AMON S. The ramifications of a state of continuous uncertainty of personal and social process the individual and community on the Golan heights confronted with threat of uprooting in the years 1995—1996 [D]. Haifa: University of Haifa in Hebrew, 2001.

ANTICK P. Bhopal to Bridgehampton: Schema for a disaster tourism event[J]. Journal of Visual Culture, 2013, 12(1): 165-185.

ANTROP M. The routledge handbook of landscape studies [M]. London: Routledge, 2013.

ASHWORTH G J. Dark tourism: The attraction of death and disaster [J]. Tourism Management, 2002a, 23(2): 190-191.

ASHWORTH G J. Holocaust tourism: The experience of kraków-kazimierz [J]. International Research in Geographical and Environmental Education, 2002b, 11(4): 363-367.

AZARYAHU M, FOOTE K E. Historical Space as narrative medium: On the configuration of spatial narratives of time at historical sites [J]. Geojournal, 2008, 73(3): 179-194.

BACHELARD G. The poetics of space: The classic look at how we experience intimate place[M]. JOLAS M, Trans. Boston: Beacon Press, 1957.

BAKER D A, CROMPTON J L. Quality, satisfaction and behavioral intentions [J]. Annals of Tourism Research, 2000, 27(3): 785-804.

BAPTIST K W. Incompatible identities: Memory and experience at the national September 9/11 memorial and museum[J]. Emotion Space & Society, 2015 (16): 3-8.

BELHASSEN Y, CATON K, STEWART W P. The search for authenticity in the pilgrim experience[J]. Annals of Tourism Research, 2008, 35(3): 668-689.

BERGHE P L V D. Cruelty, age and thanatourism[J]. Behavioral and Brain Sciences, 2006, 29(3): 245.

BIGLEY J D, LEE C K, CHON J, et al. Motivations for War-related tourism:

A case of DMZ visitors in Korea[J]. Tourism Geographies, 2010, 12(3): 371-394.

BIGNE J E, SANCHEZ M I, SANCHEZ J. Tourism image, evaluation variables and after purchase behaviour: Interrelationship[J]. Tourism Management, 2001, 22(6): 607-616.

BILLING M. Is my home my castle? Place attachment, risk perception, and religious faith[J]. Environment and Behavior, 2006(38): 248-265.

BIRAN A, LIU W, LI G, et al. Consuming post-disaster destinations: The case of Sichuan, China[J]. Annals of Tourism Research, 2014, 47(1): 17.

BIRD D K, GISLADOTTIR G, DOMINEY-HOWES D. Volcanic risk and tourism in southern Iceland: Implications for hazard, risk and emergency response education and training [J]. Journal of Volcanology and Geothermal Research, 2010, 189(1-2): 33-48.

BIRKLAND T A, HERABAT P, LITTLE R G, et al. The impact of the December 2004 Indian Ocean tsunami on tourism in Thailand [J]. Earthquake Spectra, 2006, 22(S3): 889-900.

BLACKA, LILJEBLAD A. Integrating social values in vegetation models via GIS: The missing link for the Bitterroot National Forest[R]. Missoula: Aldo Leopold Wilderness Research Institute, 2006.

BLOM, THOMAS. Morbid tourism - a postmodern market niche with an example from Althorp [J]. Norsk Geografisk Tidsskrift - Norwegian Journal of Geography, 2000, 54(1): 29-36.

BODNAR J. Remaking America: Public memory commemoration and patriotism in the twentieth century[M]. Princeton: Princeton University Press, 1992.

BOSCHMANN E E, CUBBON E. Sketch maps and qualitative GIS: Using cartographies of individual spatial narratives in geographic gesearch[J]. The Professional Geographer, 2014, 66(2): 236-248.

BROWN G, RAYMOND C, CORCORAN J. Mapping and measuring place attachment[J]. Applied Geography, 2015(57): 42-53.

BROWN G, RAYMOND C. The relationship between place attachment and landscape values: Toward mapping place attachment [J]. Applied Geography, 2007, 27(2): 89-111.

BROWN G. Mapping spatial attributes in survey research for natural resource management: methods and applications[J]. Society and Natural Resources, 2004, 18(1): 17-39.

BROWN N R, LEE P J, KRSLAK M, et al. Living in history: How war, terrorism, and natural disaster affect the organization of autobiographical memory[J]. Psychological Science, 2009, 20(4): 399-405.

BRUNER J, GOODNOW J, AUSTIN G. A study of thinking [M]. Austin: Wiley, 1956.

BUNTMAN B. Tourism and tragedy: The memorial at Belzec, Poland [J]. International Journal of Heritage Studies, 2008, 14(5): 422-448.

BURNETT M T. Making a capital city: National identity and the post-socialist transformation of Bratislava (Slovakia) [D]. Los Angeles: University of California, 2005.

CALGARO E, LLOYD K. Sun, sea, sand and tsunami: Examining disaster vulnerability in the tourism community of Khao Lak, Thailand [J]. Singapore Journal of Tropical Geography, 2008, 29(3): 288-306.

CAUSEVIC S, LYNCH P. Phoenix tourism: Post-conflict tourism role[J]. Annals of Tourism Research, 2011, 38(3): 780-800.

CHARLESWORTH A. Contesting places of memory: The case of Auschwitz [J]. Environment and Planning D: Society and Space, 1994, 12(5): 579-593.

CHARLESWORTH A. Dissonant heritage: The management of the past as a resource in conflict [J]. Journal of Historical Geography, 1997, 23(3): 383-384.

CHEN C F, CHENF S. Experience quality, perceived value, satisfaction and behavioral intentions for heritage tourists [J]. Tourism Management, 2010, 31(1): 29-35.

CHEN F S, CHEN M T, CHENG C J. A study of the students' travel Japan intentions from Departments of Applied Japanese in Taiwan after 311 East Japan Earthquake[J]. Journal of Information and Optimization Sciences, 2012, 33(2-3): 363-384.

CHEN S, XU H. From fighting against death to commemorating the dead at Tangshan Earthquake heritage sites[J]. Journal of Tourism and Cultural Change, 2018, 16(5): 552-573.

CHEW E Y T, JAHARI S A. Destination image as a mediator between perceived risks and revisit intention: A case of post-disaster Japan[J]. Tourism Management, 2014(40): 382-393.

CHRONIS A. Between place and story: Gettysburg as tourism imaginary[J]. Annals of Tourism Research, 2012, 39(4): 1797-1816.

COATS A, FERGUSON S. Rubbernecking or rejuvenation: Post earthquake perceptions and the implications for business practice in a dark tourism context[J]. Journal of Research for Consumers, 2013(23): 32-65.

COHEN E H. Educational dark tourism at an in populo site: The Holocaust Museum in Jerusalem[J]. Annals of Tourism Research, 2011, 38(1): 193-209.

DALE A, LING C, NEWMAN L. Does place matter? Sustainable community development in three Canadian communities[J]. Ethics, Place and Environment, 2008, 11(3): 267-281.

DELEUZE G, GUATTARI F. A thousand plateaus: Capitalism and schizophrenia[M]. MASSUMI B, Trans. Minneapolis: University of Minnesota Press, 1987.

DEVINE W P, HOWES Y. Disruption to place attachment and the protection of restorative environments: A wind energy case study[J]. Journal of Environmental Psychology, 2010, 30(3): 271-280.

DI B F, ZENG H J, ZHANG M H, et al. Quantifying the spatial distribution of soil mass wasting processes after the 2008 earthquake in Wenchuan, China: A case study of the Longmenshan area. [J]. Remote Sensing of Environment, 2010, 114(4): 761-771.

DUNKLEY R, MORGAN N, WESTWOOD S. Visiting the trenches: Exploring meanings and motivations in battlefield tourism[J]. Tourism Management, 2011, 32(4): 860-868.

DWYER O J, ALDERMAN D H. Memorial landscapes: Analytic questions and metaphors[J]. GeoJournal, 2008, 73(3): 165-178.

ERFURT-COOPER P. Geotourism in volcanic and geothermal environments: Playing with fire?[J]. Geoheritage, 2011, 3(3): 187-193.

ERTURK N. Seismic protection of museum collections: Lessons learned after the 1999 earthquakes in Turkey[J]. Metu Journal of the Faculty of

Architecture, 2012, 29(1): 289-300.

EUSEBIO C, VIEIRA A L. Destination attributes' evaluation, satisfaction and behavioural intentions: A structural modelling approach[J]. International Journal of Tourism Research, 2013, 15(1): 66-80.

FAULKNERB, VIKULOV S. Katherine, washed out one day, back on track the next: A post-mortem of a tourism disaster[J]. Tourism Management, 2001, 22(4): 331-344.

FISHWICK L, VINING J. Toward a phenomenology of recreation place[J]. Journal of Environmental Psychology, 1992, 12(1): 57-63.

FOOTE K E. Shadowed ground: America's landscapes of violence and tragedy [M]. 2nd ed. Austin: University of Texas Press, 2003.

FOUCAULT, M. Discipline and punish: The birth of the prison [M]. SHERIDAN A, Trans. NY: Vintage Books, 1995.

FRIEDRICH M, JOHNSTON T. Beauty versus tragedy: Thanatourism and the memorialisation of the 1994 Rwandan Genocide[J]. Journal of Tourism and Cultural Change, 2013, 11(4): 302-320.

FROST W, LAING J. Commemorative events: Memory, identities, conflict[M]. London: Routledge, 2013.

FYHRI A, JACOBSEN J K S, TøMMERVIK H. Tourists' landscape perceptions and preferences in a Scandinavian coastal region[J]. Landscape and Urban Planning, 2009, 91(4): 202-211.

GRAHAM B, ASHWORTH G J, TUNBRIDGE J E. A geography of heritage: Power, culture and economy [M]. New York: Oxford University Press, 2008.

HAETMANN R. Dark tourism, thanatourism, and dissonance in heritage tourism management: New directions in contemporary tourism research [J]. Journal of Heritage Tourism, 2014, 9(2): 166-182.

HAJILO M, MASOOM M G, LANGROUDI S H M, et al. Spatial analysis of the distribution of small businesses in the eastern villages of Gilan Province with emphasis on the tourism sector in mountainous regions[J]. Sustainability, 2017, 9(12): 22-38.

HAMMITT W E, BACKLUND E A, BIXLER R D. Place Bonding for Recreation Places: Conceptual and Empirical Development [J]. Leisure

Studies, 2006, 25(1): 17－41.

HANNON B. Hannon Sense of place: geographic discounting by people, animals and plants[J]. Ecological Economics, 1994, 10(2): 157－174.

HARTMANN R. Dark tourism, thanatourism, and dissonance in heritage tourism management: new directions in contemporary tourism research [J]. Journal of Heritage Tourism, 2014, 9(2): 166－182.

HARVEY D. Social justice and the city[M]. Oxford: Blackwall, 1988.

HELBICH M, LEITNER M. Postsuburban Spatial Evolution of Vienna's Urban Fringe: Evidence from Point Process Modeling [J]. Urban Geography, 2010, 31(8): 1100－1117.

HERMAN D. Narrotologies[D]. Columbus: The Ohio State University, 1999.

HERNáNDEZ B, HIDALGO M, SALAZAR－LAPLACE M, et al. Place attachment and place identity in natives and non－natives[J]. Journal of Environmental Psychology, 2007, 27(4): 310－319.

HIDALGO M C, HERNáNDEZ B. Place attachment: Conceptul and empirical questions [J]. Journal of Environmental Psychology, 2001, 21 (3): 273－281.

HUAN T C, BEAMAN J, SHELBY L. No－escape natural disaster: Mitigating Impacts on Tourism [J]. Annals of Tourism Research, 2004, 31 (2): 255－273.

HUANG J H, JENNIFER C H, MIN. Earthquake devastation and recovery in tourism: The Taiwan case [J]. Tourism Management, 2002, 23 (2): 145－154.

HUANG R Q, LI W L. Development and distribution of geohazards triggered by the "5 · 12" Wenchuan Earthquake in China[J]. Science in China Series E: Technological Sciences, 2009, 52(4): 810－819.

HUANG S, HSU C H C. Effects of travel motivation, past experience, perceived constraint, and attitude on revisit intention[J]. Journal of Travel Research, 2009, 48(1): 257－265.

HUANG Y, CHEN W, LIU J Y. Secondary geological hazard analysis in Beichuan after the Wenchuan earthquake and recommendations for reconstruction [J]. Environmental Earth Sciences, 2012, 66 (4): 1001－1009.

HUGHES R. Dutiful tourism: Encountering the Cambodian genocide[J]. Asia Pacific Viewpoint, 2008, 49(3): 318-330.

JAMESON F. Postmodernism or, the cultural logic of late capitalism [M]. Durham: Duke University Press, 1991.

JING Y, HUANG C M, SU C X. Relationship between ethnic landscape and environment in the Nujiang River basin of Yunnan Province, China[J]. Ecological Economy, 2007, 3(3): 303-311.

JORGENSEN B S, STEDMAN R C. A comparative analysis of predictors of sense of place dimensions: Attachment to, dependence on, and identification with lakeshore properties [J]. Journal of Environmental Management, 2006, 79(3): 316-327.

JORGENSEN B, STEDMANR. Sense of place as an attitude: Lakeshore owners attitudes toward their properties [J]. Journal of Environmental Psychology, 2001, 21(3): 233-248.

KALTENBOM B P, BJERKE T. Associations between landscape preferences and place attachment: A study in Røros[J]. Southern Norway Landscape Research, 2002, 27(4): 381-396.

KANG E J, SCOTT N, LEE T J, et al. Benefits of visiting a "dark tourism" site: The case of the Jeju April 3rd Peace Park, Korea [J]. Tourism Management, 2012, 33(2): 257-265.

KELLY J R, KELLY J R. Multiple dimensions of meaning in the domains of work, family, and leisure[J]. Journal of Leisure Research, 1994, 26(3): 250-274.

KIANICKA S, BUCHECKER M, HUNZIKER M, et al. Locals' and tourists' sense of place: A case study of a Swiss Alpine village [J]. Mountain Research and Development, 2006, 26(1): 55-63.

KIDRON, CAROL A. Being there together: Dark family tourism and the emotive experience of co-presence in the holocaust past[J]. Annals of Tourism Research, 2013(41): 175-194.

KRUGER S, ROOTENBERG C, ELLIS S. Examining the influence of the wine festival experience on tourists' quality of Life [J]. Social Indicators Research, 2013, 111(2): 435-452.

KWAN M P, DING G X. Geo-narrative: Extending geographic information systems for narrative analysis in qualitative and mixed-method research [J]. The Professional Geographer, 2008, 60(4): 443-465.

LEE C K, BENDLE L J, YOON Y S, et al. Thanatourism or peace tourism: Perceived value at a North Korean resort from an indigenous perspective [J]. International Journal of Tourism Research, 2012, 14(1): 71-90.

LEE C K, YOON Y S, LEE S K. Investigating the relationships among perceived value, satisfaction, and recommendations: The case of the Korean DMZ[J]. Tourism Management, 2007, 28(1): 204-214.

LEFEBVRE. The Production of Space[M]. NICHOLSON-SMITH D, Trans. London: Blackwell, 1974.

LENGEN C, KISTEMANN T. Sense of place and place identity: Review of neuroscientific evidence[J]. Health & Place, 2012, 18(5): 1162-1171.

LENNON J, FOLEY M. Dark tourism: The attraction of death and disaster [M]. London: Continuum, 2000.

LIM C C, BENDLE L J. Arts tourism in Seoul: Tourist-orientated performing arts as a sustainable niche market [J]. Journal of Sustainable Tourism, 2012, 20(5): 667-682.

LIU C H, YENL C. The effects of service quality, tourism impact, and tourist satisfaction on tourist choice of leisure farming types[J]. African Journal of Business Management, 2010, 4(8): 1529-1545.

LOWENTHAL D. Past time, present place: Landscape and memory [J]. Geographical Review, 1975, 65(1): 1-36.

LOWENTHAL D. The past is a foreign country - revisited [M]. 2nd ed. Cambridge: Cambridge University Press, 2015.

MANTYNIEMI P. An analysis of seismic risk from a tourism point of view [J]. Disasters, 2012, 36(3): 465-476.

MANZO L C. Beyond house and haven: Toward a revisioning of emotional relationships with places[J]. Journal of Environmental Psychology, 2003, 23(1): 47-61.

MARTINI A, MINCA C. Affective dark tourism encounters: Rikuzentakata after the 2011 Great East Japan Disaster [J]. Social & Cultural Geography, 2018: 1470-1197.

MAXIMILIANO E B, TARLOW P. Disasters, tourism and mobility, the case of

Japan earthquake[J]. Pasos Revista De Turismo Y Patrimonio Cultural, 2013, 11(3): 17-32.

MAZZOCCHI M, MONTINI A. Earthquake effects on tourism in Central Italy [J]. Annals of Tourism Research, 2001, 28(4): 1031-1046.

MCANDREW F T. The measurement of "rootedness" and the prediction of attachment to home - towns in college students [J]. Journal of Environmental Psychology, 1998, 18(4): 409-417.

MOORE S A, POLLEY A. Defining indicators and standards for tourism impacts in protected areas: Cape Range National Park, Australia [J]. Environmental Management, 2007, 39(3): 291-300.

MORGAN N. Visiting the trenches: Exploring meanings and motivations in battlefield tourism[J]. Tourism Management, 2011, 32(4): 860-868.

NOMURA K, YAMAOKA K, OKANO T, et al. Risk perception, risk-taking attitude, and hypothetical behavior of active volcano tourists[J]. Human and Ecological Risk Assessment, 2004, 10(3): 595-604.

NOVAK J D, GOWIN D B. Learning how to learn[M]. Cambridge: Cambridge University Press, 1996.

NUNKOO R, RAMKISSOON H, GURSOY D. Use of structural equation modeling in tourism research: Past, present, and future [J]. Journal of Travel Research, 2013, 52(6): 759-771.

NUNKOO R, RAMKISSOON H. Structural equation modelling and regression analysis in tourism research[J]. Current Issues in Tourism, 2012, 15(8): 777-802.

NUSAIR K, HUA N. Comparative assessment of structural equation modeling and multiple regression research methodologies: E-commerce context[J]. Tourism Management, 2010, 31(3): 314-324.

OKAMURA K, FUJISAWA A, KONDO Y, et al. The Great East Japan Earthquake and cultural heritage: Towards an archaeology of disaster[J]. Antiquity, 2013, 87(335): 258-269.

PARKER R N, DENSMORE A L. ROSSER N J, et al. Mass wasting triggered by the 2008 Wenchuan earthquake is greater than orogenic growth[J]. Nature Geoscience, 2011, 4(7): 449-452.

PIVETEAU J L. Le sentiment d' appartence regional en suisse [J]. Revue

Geographie Alpine, 1969(59):364—386.

PODOSHEN J S, HUNT J M. Equity restoration, the Holocaust and tourism of sacred sites[J]. Tourism Management, 2011, 32(6):1332—1342.

PODOSHEN J S. Dark tourism motivations: Simulation, emotional contagion and topographic comparison [J]. Tourism Management, 2013, 35 (2): 263—271.

PROSHANSKY H M, FABIAN A K, KAMINOFF R. Place—identity: Physical world socialization of the self[J]. Journal of Environmental Psychology, 1983, 3(1):57—83.

PROSHANSKY H M. The city and self — identity [J]. Environment and Behavior, 1978, 10(2):147—169.

QIAN L, ZHANG J, ZHANG H, et al. Hit close to home: The moderating effects of past experiences on tourists' on—site experiences and behavioral intention in post — earthquake site [J]. Asia Pacific Journal of Tourism Research, 2017, 22(9):936—950.

QU H. Spatial distribution patterns of cultural facilities in Shenzhen based on GIS and big data[J]. Journal of Landscape Research, 2018, 10(4):48—54.

RELPH E. Geographical experiences and being — in — the — world: The phenomenological origins of geography [M]. New York and Oxford: Columbia University Press Morningside Edition, 1985.

RELPH E. Place and placelessness[M]. London: Pion Ltd, 1976.

REYNOLDS. Consumers or witnesses? Holocaust tourists and the problem of authenticity[J]. Journal of Consumer Culture, 2016, 16(2):334—353.

RITTICHAINUWAT B N, CHAKRABORTY G. Perceived travel risks regarding terrorism and disease: The case of Thailand [J]. Tourism Management, 2009, 30(3):410—418.

RITTICHAINUWAT B N. Tourists' and tourism suppliers' perceptions toward crisis management on tsunami [J]. Tourism Management, 2013 (34):112—121.

RITTICHAINUWAT B. Ghosts: A travel barrier to tourism recovery [J]. Annals of Tourism Research, 2011, 38(2):437—459.

RITTICHAINUWAT N. Responding to disaster: Thai and Scandinavian tourists' motivation to visit Phuket, Thailand [J]. Journal of Travel

Research, 2008, 46(4): 422—433.

ROJEK C. Ways of escape[M]. Basingstoke: Macmillan, 1993.

RYAN C, HSU S Y. Why do visitors go to museums? The case of 921 earthquake museum, Wufong, Taichung [J]. Asia Pacific Journal of Tourism Research, 2011, 16(2): 209—228.

RYAN M, FOOTE K E, AZARYAHU M. Narrating space/spatializing narrative: Where narrative theory and geography meet[M]. Columbus: The Ohio State University Press, 2016.

SCANNELL L, GIFFORD R. Defining place attachment: A tripartite organizing framework[J]. Journal of Environmental Psychology, 2010, 30(1): 1—10.

SEATON A V. Guided by the dark: From thanatopsis to thanatourism [J]. International Journal of Heritage Studies, 1996, 2(4): 234—244.

SEATON A V. War and thanatourism: Waterloo 1815—1914 [J]. Annals of Tourism Research, 1999, 26(1): 130—158.

SERRIERE, STEPHANIE C. Carpet - time democracy: Digital photography and social consciousness in the early childhood classroom[J]. The Social Studies, 2010, 101(2): 60—68.

SHAMAI A, ILATOV Z. Measuring sense of place: Methodological aspects [J]. Tijdschrift voor economische en sociale geografie, 2005, 96 (5): 467—476.

SHAMAI S, KELLERMAN A. Conceptual and experimental aspects of regional awareness: An Israeli case study[J]. Tijdschrift voor Economische en Sociale Geografie, 1985, 76(2): 88—89.

SHARPLEY R, STONE P R. The darker side of travel: The theory and practice of dark tourism[M]. Bristol: Channel View, 2009.

SHIK, LI W Y, LIU C Q, et al. Multifractal fluctuations of Jiuzhaigou tourists before and after Wenchuan earthquake [J]. Fractals - Complex Geometry Patterns and Scaling in Nature and Society, 2013, 21(1): 7.

SIMPSON E, CORBRIDGE S. The geography of things that may become memories: The 2001 earthquake in Kachchh - Gujarat and the politics of rehabilitation in the prememorial era [J]. Annals of the Association of American Geographers, 2006, 96(3): 566—585.

SINGH S, DONAVAN D, MISHRA S, et al. The latent structure of landscape perception: A mean and covariance structure modelling approach [J]. Journal of Environment Pshychology, 2018, 28(4): 339-352.

SLADE P. Gallipoli thanatourism - The meaning of ANZAC [J]. Annals of Tourism Research, 2003, 30(4): 779-794.

SMITH W W. The Darker side of travel: The theoty and practice of dark tourism[J]. Annals of Tourism Research, 2010, 37(3): 867-869.

SOINI K, VAARALA H, POUTA E. Residents' sense of place and landscape perceptions at the rural - urban interface [J]. Landsape and Urban Planning, 2012, 104(1): 124-134.

SOINI K. Exploring human dimensions of multifunctional landscapes through mapping and map - making [J]. Landscape and Urban Planning, 2001, 57(3-4): 225-239.

SOJA E W. Postmodern geographies: The reassertion of space in critical social theory[J]. Geographical Review, 1989, 18(5): 803-805.

STEDMAN R C. Is it really just a social construction? The contribution of the physical environment to sense of place[J]. Society and Natural Resources, 2003, 16(8): 671-685.

STEVENS Q. Planning Canberra's memorial landscape[J]. Fabrications, 2013, 23(1): 57-83.

STOKOLS D, SHUMAKER S A. People in places: A transactional view of settings//HARVEY J H. Cognition, social behavior, and the environment [C]. Hillsdale: Erlbaum, 1981: 441-488.

STONE P R. A dark tourism spectrum: Towards a typology of death and macabre related tourist sites, attractions and exhibitions [J]. Tourism, 2006, 54(2): 145-160.

STONE P R. Dark tourism and significant other death: Towards a model of mortality mediation [J]. Annals of Tourism Research, 2012, 39 (3): 1565-1587.

STONE P R, HARTMANN R, SEATON T, et al. The palgrave MacMillian handbook of dark tourism studies [M]. London: Palgrave MacMillian, 2018.

STONE P, SHARPLEY R. Consuming dark tourism: A thanatological perspective[J]. Annals of Tourism Research, 2008, 35(2): 574-595.

STONE P. Dark tourism scholarship: A critical review[J]. International Journal of Culture, Tourism and Hospitality Research, 2013, 7(3): 307-318.

STRANGE C, KEMPA M. Shades of dark tourism - Alcatraz and Robben Island[J]. Annals of Tourism Research, 2003, 30(2): 386-405.

SVIRCHEV L, LI Y, YAN L, et al. Preventing and limiting exposure to geo-hazards: Some lessons from two mountain villages destroyed by the Wenchuan earthquake [J]. Journal of Mountain Science, 2011, 8 (2): 190-199.

TANG Y. Contested narratives at the Hanwang Earthquake Memorial Park: Where ghost industrial town and seismic memorial meet[J]. Geoheritage, 2018a: 1-15.

TANG Y. Dark tourism to seismic memorial sites//STONE P R, HARTMANN R, SEATON T, et al. The palgrave MacMillian handbook of dark tourism studies[M]. London: Palgrave MacMillian, 2018b.

TANG Y. Dark touristic perception: motivation, experience and benefits interpreted from the visit to seismic memorial sites in Sichuan Province [J]. Journal of Mountain Science, 2014a, 11(5): 1326-1341.

TANG Y. Potentials of community-based tourism in transformations towards green economies after the 2008 Wenchuan earthquake in West China[J]. Journal of Mountain Science, 2016, 13(9): 1688-1700.

TANG Y. Travel motivation, destination image and visitor satisfaction of international tourists after the 2008 Wenchuan Earthquake: A structural modelling approach[J]. Asia Pacific Journal of Tourism Research, 2014b, 19(11): 1260-1277.

TEIGEN K H, GLAD K A. "It could have been much worse": From travelers' accounts of two natural disasters[J]. Scandinavian Journal of Hospitality and Tourism, 2011, 11(3): 237-249.

TSAI C H, CHEN C W. The establishment of a rapid natural disaster risk assessment model for the tourism industry [J]. Tourism Management, 2011, 32(1): 158-171.

TUAN Y. Landscape of fear [M]. Minneapolis: Minnesota University Press, 1979.

TUAN Y. Space and place: The perspective of experience [M]. Minneapolis:

University of Minnesota Press, 1977.

TUAN Y. Topophilia: A study of environmental perceptions, attitudes, and values[M]. Princeton: Prentice—Hall, Englewood Cliffs, 1974.

TUNBRIDGE J E, ASHWORTH G J. Dissonant heritage: The management of the past as a resource in conflict [M]. New York: John Wiley & Sons, 1996.

VASILIADIS C A, KOBOTIS A. Spatial analysis—an application of nearest—neighbor analysis to tourism locations in Macedonia [J]. Tourism Management, 1999, 20(1): 141—148.

WALBY K, PICHE J. The polysemy of punishment memorialization: Dark tourism and Ontario's penal history museums [J]. Punishment and Society—International Journal of Penology, 2011, 13(4): 451—472.

WALFORD N. Patterns of development in tourist accommodation enterprises on farms in England and Wales[J]. Applied Geography, 2001, 21(4): 331—345.

WANG W M, ZHAO L F, LI J, et al. Rupture process of the Ms8.0 Wenchuan earthquake of Sichuan, China[J]. Chinese Journal of Geophysics—Chinese Edition, 2008, 51(5): 1403—1410.

WASHIZUKA H. Protection against earthquakes in Japan museum display security[J]. Museum, 1985, 37(2): 119—122.

WHITE L, FREW E. Dark tourism and place identity: Managing and interpreting dark places[M]. Oxon: Routledge press, 2013.

WIGHT A C, LENNON J J. Selective interpretation and eclectic human heritage in Lithuania[J]. Tourism Management, 2007, 28(2): 519—529.

WILLIAMS D, STEWART S. Sense of place: An elusive concept that is finding a home in ecosystem management [J]. Journal of Forestry, 1998, 96(5): 18—23.

WILLIAMS D, VASKE J. The measurement of place attachment: Validity and generalizability of a psychometric approach [J]. Forest Science, 2003, 49(6): 830—840.

WILLIAMS D. Making sense of "place": Reflections on pluralism and positionality in place research [J]. Landscape and Urban Planning, 2014 (131): 74—82.

WINTER C. Battlefield visitor motivations: Explorations in the Great War Town of Ieper, Belgium[J]. International Journal of Tourism Research, 2011,13(2):164—176.

XU C, XU X W. The spatial distribution pattern of landslides triggered by the 20 April 2013 Lushan earthquake of China and its implication to identification of the seismogenic fault[J]. Chinese Science Bulletin, 2014, 59(13):1416—1424.

XU Q, ZHANG S, LI W L. Spatial distribution of large－scale landslides induced by the "5 · 12" Wenchuan Earthquake[J]. Journal of Mountain Science, 2011, 8(2):246—260.

YAN B J, ZHANG J, ZHANG H L, et al. Investigating the motivation－experience relationship in a dark tourism space: A case study of the Beichuan earthquake relics, China[J]. Tourism Management, 2016(53): 108—121.

YANG W Q, WANG D J, CHEN G J. Reconstruction strategies after the Wenchuan Earthquake in Sichuan, China[J]. Tourism Management, 2011, 32(4):949—956.

YANG W Q. Impact of the Wenchuan Earthquake on tourism in Sichuan, China [J]. Journal of Mountain Science, 2008, 5(3):194—208.

YOON Y, UYSAL M. An examination of the effects of motivation and satisfaction on destination loyalty: A structural model [J]. Tourism Management, 2005, 26(1):45—56.

YUAN S X, YIN X L, XIONG H X, et al. Spatial distribution pattern and Han subgroup characteristics of traditional villages in Guangdong[J]. Journal of Landscape Research, 2018, 10(1):25—32.

ZHANG H L, YANG Y, ZHENG C H, et al. Too dark to revisit? The role of past experiences and intrapersonal constraints[J]. Tourism Management, 2016, 54(4), 452—464.

ZHANG H L, ZHANG J, CHEG S W, et al. Role of constraints in Chinese calligraphic landscape experience: An extension of a leisure constraints model[J]. Tourism Management, 2012, 33(6):1398—1407.

ZHANG J, TANG W, SHI C, et al. Chinese calligraphy and tourism: From cultural heritage to landscape symbol and media of the tourism industry

[J]. Current Issues in Tourism, 2008, 11(6): 529-548.

ZHANG X. Heritage, identity and sense of place in Sichuan province after the 12 May earthquake in China[D]. London: University of London, 2013.

ZHAO L, QI X X. An analysis of spatial distribution differences in rural leisure tourist destination resources in Liaoning Province[J]. Asian Agricultural Research, 2016, 8(5): 77-79.

ZHOU Q, ZHANG J, EDELHEIM J R. Rethinking traditional Chinese culture: A consumer - based model regarding the authenticity of Chinese calligraphic landscape[J]. Tourism Management, 2013, 36(3): 99-112.

附 录

附录1 地震纪念性景观基础数据表

序号	景观名称	类型	地址
1	虹口深溪沟地震遗迹纪念地	地震纪念地	成都市都江堰市
2	绵竹市汉旺镇地震工业遗址纪念地	地震纪念地	绵竹市汉旺镇
3	北川老县城地震遗址纪念地	地震纪念地	北川羌族自治县曲山镇
4	什邡穿心店地震遗址纪念地	地震纪念地	德阳市什邡市
5	古羌寨地震纪念地	地震纪念地	阿坝藏族羌族自治州汶川县
6	映秀震中纪念地	地震纪念地	汶川县映秀镇
7	彭州市白鹿镇白鹿中学地震遗址公园	地震遗址公园	彭州市白鹿镇
8	青川县红光乡东河口地震遗址公园	地震遗址公园	青川县东河口村
9	广元市红星公园	地震遗址公园	广元市
10	彭州龙门山地震遗址公园	地震遗址公园	彭州市
11	安县茶坪地震遗址	地震遗址	绵阳市安县
12	白鹿镇地震遗址公园	地震遗址	彭州市白鹿镇
13	白鹿中学最牛教学楼遗址	地震遗址	彭州市白鹿镇
14	白鹿中学地震陡坎	地震遗址	彭州市白鹿镇
15	白鹿镇中法桥遗迹	地震遗址	彭州市白鹿镇
16	白鹿老街遗址	地震遗址	彭州市白鹿镇
17	百年天主教堂上书院遗址	地震遗址	彭州市白鹿镇

续表

序号	景观名称	类型	地址
18	下书院遗址公园	地震遗址	彭州市白鹿镇
19	唐家山堰塞湖遗址	地震遗址	北川羌族自治县
20	东河口地震滑坡遗址	地震遗址	青川县东河口村
21	“5·12”地震遗址	地震遗址	成都市都江堰市
22	虹口乡八角庙基岩错动遗迹	地震遗址	成都市都江堰市
23	深溪沟村地表连续破裂带遗迹	地震遗址	成都市都江堰市
24	高原村地表错动遗迹	地震遗址	成都市都江堰市
25	腾达体育俱乐部遗迹	地震遗址	成都市都江堰市
26	机械公司家属区遗迹	地震遗址	成都市都江堰市
27	“5·12”地震遗迹	地震遗址	成都市都江堰市
28	“5·12”汉旺地震遗址	地震遗址	绵竹市汉旺镇
29	汉旺钟楼遗址	地震遗址	绵竹市汉旺镇
30	东方汽轮机厂遗址	地震遗址	绵竹市汉旺镇
31	东方汽轮机厂机械遗物	地震遗址	绵竹市汉旺镇
32	官宋硼水利枢纽	地震遗址	绵竹市汉旺镇
33	红白镇小学遗址	地震遗址	什邡市红白镇
34	石亭江干河口堰塞湖	地震遗址	什邡市红白镇
35	剑阁“5·12”汶川地震遗址	地震遗址	广元市剑阁县
36	地震遗址重点保护区	地震遗址	北川羌族自治县擂鼓镇
37	玉石沟—野牛坪的九峰山遗址	地震遗址	彭州市龙门山镇
38	彭州小鱼洞大桥遗址	地震遗址	彭州市
39	彭州银厂沟遗址	地震遗址	彭州市
40	安县茶坪乡肖家河堰塞湖	地震遗址	绵阳市平武县
41	青龙村堰塞湖	地震遗址	广元市青川县
42	五一村堰塞湖群	地震遗址	广元市青川县
43	青川红光乡堰塞湖群	地震遗址	广元市青川县
44	石板沟堰塞湖	地震遗址	广元市青川县

续表

序号	景观名称	类型	地址
45	马公乡锅坛村地震遗迹群	地震遗址	广元市青川县
46	红光乡东河口王家山山崩	地震遗址	广元市青川县
47	石坝乡五一村赵家山崩塌滑坡体	地震遗址	广元市青川县
48	红光乡石板沟滑坡	地震遗址	广元市青川县
49	石坝乡青龙村滑坡	地震遗址	广元市青川县
50	红石河礼拜寺滑坡	地震遗址	广元市青川县
51	红石河堰塞湖	地震遗址	广元市青川县
52	礼拜寺—杨家坝堰塞湖	地震遗址	广元市青川县
53	北川老县城地震遗址	地震遗址	北川羌族自治县曲山镇
54	曲山镇沙坝村沙坝地震断层	地震遗址	北川羌族自治县曲山镇
55	洛水中学遗址	地震遗址	德阳市什邡市
56	水磨羌城（重建）	地震遗址	汶川县水磨镇
57	漩口滑坡（遗址）	地震遗址	汶川县漩口镇
58	蔡家村崩滑体（遗址）	地震遗址	汶川县漩口镇
59	燕子岩堰塞湖	地震遗址	什邡市蓥华镇
60	震源牛眠沟遗址	地震遗址	汶川县映秀镇
61	中滩堡地震遗址（桤木林地面断层）	地震遗址	汶川县映秀镇
62	百花大桥遗址	地震遗址	汶川县映秀镇
63	映秀镇“5·12”地震停机坪	地震遗址	汶川县映秀镇
64	映秀小学遗址	地震遗址	汶川县映秀镇
65	漩口中学遗址	地震遗址	汶川县映秀镇
66	映秀震中遗址	地震遗址	汶川县映秀镇
67	地震民居遗址	地震遗址	汶川县映秀镇
68	渔子溪崩塌（遗址）	地震遗址	汶川县映秀镇
69	映秀地面脊状鼓包（遗址）	地震遗址	汶川县映秀镇
70	映秀断层——龙门山主中央断裂带（遗址）	地震遗址	汶川县映秀镇

续表

序号	景观名称	类型	地址
71	张家坪地震滚石（遗址）	地震遗址	汶川县映秀镇
72	抗震救灾主题展览馆	地震场馆	大邑县安仁镇
73	“万众一心，众志成城”抗震救灾主题展览馆	地震场馆	大邑县安仁镇
74	下书院遗址公园——地震训练馆	地震场馆	彭州市白鹿镇
75	下书院遗址公园——地震体验馆	地震场馆	彭州市白鹿镇
76	下书院遗址公园——地震科普馆	地震场馆	彭州市白鹿镇
77	老北川县“5·12”汶川特大地震纪念馆	地震场馆	北川羌族自治县
78	“5·12”汶川特大地震纪念馆防灾减灾宣教中心	地震场馆	北川羌族自治县
79	新北川县幸福馆	地震场馆	北川羌族自治县
80	汶川大地震博物馆	地震场馆	成都市大邑县
81	地震美术作品馆	地震场馆	成都市大邑县
82	胡惠珊纪念馆	地震场馆	成都市大邑县
83	“5·12”抗震救灾纪念馆	地震场馆	成都市大邑县
84	“5·12”汶川特大地震都江堰市抗震救灾·恢复重建陈列室	地震场馆	成都市都江堰市
85	都江堰市地震科学博物馆	地震场馆	成都市都江堰市
86	“5·12”汶川特大地震坪头村抗震救灾·恢复重建陈列室	地震场馆	茂县凤仪镇
87	红星纪念馆	地震场馆	广元市
88	绵竹市抗震救灾·灾后重建纪念馆	地震场馆	绵竹市汉旺镇
89	防震减灾科普教育基地	地震场馆	绵竹市汉旺镇
90	汉源县抗震救灾·恢复重建展览馆	地震场馆	雅安市汉源县
91	防灾减灾实训基地	地震场馆	北川羌族自治县擂鼓镇
92	“5·12”汶川特大地震羌寨抗震救灾·恢复重建陈列室	地震场馆	阿坝藏族羌族自治州理县
93	虹口深溪沟地震遗迹陈列馆	地震场馆	都江堰市龙池镇
94	江油关（重建）	地震场馆	平武县南坝镇

续表

序号	景观名称	类型	地址
95	青川地震博物馆	地震场馆	广元市青川县
96	曲山镇汶川特大地震纪念馆	地震场馆	北川羌族自治县曲山镇
97	曲山镇防震减灾教育宣传中心	地震场馆	北川羌族自治县曲山镇
98	曲山镇地震科普体验馆	地震场馆	北川羌族自治县曲山镇
99	“5·12”汶川特大地震纪念馆	地震场馆	北川羌族自治县曲山镇
100	“5·12”汶川特大地震纪念馆防灾减灾宣传教育中心	地震场馆	北川羌族自治县曲山镇
101	京什友谊馆	地震场馆	德阳市什邡市
102	汶川博物馆	地震场馆	阿坝藏族羌族自治州汶川县
103	映秀镇“爱立方”中国大爱展示地	地震场馆	汶川县映秀镇
104	映秀镇汶川特大地震震中纪念馆	地震场馆	汶川县映秀镇
105	映秀镇科普体验馆	地震场馆	汶川县映秀镇
106	映秀镇抗震救灾国际学术交流中心	地震场馆	汶川县映秀镇
107	汶川青少年活动中心	地震场馆	汶川县映秀镇
108	广元市昭化镇“5·12”地震抗灾重建纪念馆	地震场馆	广元市昭化镇
109	四川·什邡地震遗址纪念园	纪念园	德阳市什邡市
110	汶川地震纪念园（阿坝师专地震遗址）	纪念园	阿坝藏族羌族自治州汶川县
111	汶川县映秀镇漩口中学地震遗址纪念园	纪念园	汶川县映秀镇
112	映秀镇漩口中学地震纪念园	纪念园	汶川县映秀镇
113	北川新县城抗震纪念园	纪念园	北川羌族自治县永昌镇
114	红十字会博爱广场	纪念广场	彭州市白鹿镇
115	幸福园	纪念广场	北川羌族自治县
116	青川县东河口爱心广场	纪念广场	青川县东河口村

续表

序号	景观名称	类型	地址
117	飞石广场	纪念广场	青川县东河口村
118	青川县东河口川字广场	纪念广场	青川县东河口村
119	广元市红星广场	纪念广场	广元市
120	援建纪念广场	纪念广场	广元市
121	思源广场	纪念广场	北川羌族自治县桂溪镇
122	汉旺地震纪念广场	纪念广场	绵竹市汉旺镇
123	北川县擂鼓镇八一中学入口广场	纪念广场	北川羌族自治县擂鼓镇
124	瓦子坪避难广场	纪念广场	都江堰市龙池镇
125	防灾综合广场	纪念广场	小金县美兴镇
126	辽宁广场	纪念广场	绵阳市
127	连心广场	纪念广场	平武县南坝镇
128	纪念广场	纪念广场	平武县平通镇
129	感恩文化广场	纪念广场	广元市青川县
130	四川什邡抗震救灾纪念广场	纪念广场	德阳市什邡市
131	“5·12”大地震钟楼遗址广场	纪念广场	汶川县水磨镇
132	钟楼地震遗址广场	纪念广场	汶川县威州镇
133	威州镇避难广场	纪念广场	汶川县威州镇
134	记忆·希望广场	纪念广场	汶川县威州镇
135	汶川县原阿坝师专钟楼地震遗址广场	纪念广场	阿坝藏族羌族自治州汶川县
136	抗震救灾纪念广场	纪念广场	安县晓坝镇
137	什邡抗震救灾纪念广场	纪念广场	什邡市蓥华镇
138	映秀镇希望广场	纪念广场	汶川县映秀镇
139	映秀震源广场	纪念广场	汶川县映秀镇
140	莞香广场	纪念广场	汶川县映秀镇
141	新生广场	纪念广场	北川羌族自治县永昌镇

续表

序号	景观名称	类型	地址
142	汉旺青龙村地震遇难者集体公墓	遇难者公墓	绵竹市汉旺镇
143	汉旺镇“5·12”遇难者公墓	遇难者公墓	绵竹市汉旺镇
144	洛水镇“5·12”地震灾害公墓	遇难者公墓	什邡市洛水镇
145	北川老县城遇难者公墓	遇难者公墓	北川羌族自治县曲山镇
146	映秀镇渔子溪“5·12”汶川大地震遇难者公墓	遇难者公墓	汶川县映秀镇
147	汶川特大地震邱光华机组墓地	遇难者公墓	汶川县映秀镇
148	绵阳白什乡德州桥	地名景观	北川羌族自治县
149	重庆路	地名景观	崇州市
150	都江堰市蒲虹公路	地名景观	成都市都江堰市
151	晋茂大道	地名景观	茂县凤仪镇
152	晋茂新园	地名景观	茂县凤仪镇
153	武汉大道	地名景观	雅安市汉源县
154	山东大道擂鼓段	地名景观	北川羌族自治县擂鼓镇
155	福州路	地名景观	彭州市丽春镇
156	福建路	地名景观	彭州市丽春镇
157	吉林大道	地名景观	黑水县芦花镇
158	北京大道	地名景观	什邡市马祖镇
159	太行路	地名景观	阿坝藏族羌族自治州茂县
160	江西路	地名景观	小金县美兴镇
161	江西街	地名景观	小金县美兴镇
162	辽宁大道	地名景观	绵阳市
163	辽安路	地名景观	绵阳市
164	辽安公园	地名景观	绵阳市
165	常州路	地名景观	德阳市绵竹市
166	苏绵大道	地名景观	德阳市绵竹市

续表

序号	景观名称	类型	地址
167	南京大道	地名景观	德阳市绵竹市
168	盐城路	地名景观	德阳市绵竹市
169	江苏红十字天河小学	地名景观	德阳市绵竹市
170	苏绵公园	地名景观	德阳市绵竹市
171	淮安路	地名景观	德阳市绵竹市
172	淮安街	地名景观	德阳市绵竹市
173	张家港路	地名景观	德阳市绵竹市
174	连云港路	地名景观	德阳市绵竹市
175	昆山路	地名景观	德阳市绵竹市
176	南通路	地名景观	德阳市绵竹市
177	花果山路	地名景观	德阳市绵竹市
178	苏州大道	地名景观	德阳市绵竹市
179	泰州路	地名景观	德阳市绵竹市
180	吴江路	地名景观	德阳市绵竹市
181	宿迁街	地名景观	德阳市绵竹市
182	锡旺大道	地名景观	德阳市绵竹市
183	“5·12”汶川特大地震孝德镇抗震救灾·灾后重建陈列室	地名景观	德阳市绵竹市
184	江苏红十字天河小学“5·12”大地震碑(记)	地名景观	德阳市绵竹市
185	河北—平武工业园区	地名景观	绵阳市磨家镇
186	唐山大道	地名景观	平武县南坝镇
187	邯郸路	地名景观	平武县平通镇
188	浙金大道	地名景观	青川县乔庄镇
189	宁波大桥	地名景观	青川县乔庄镇
190	北川县任家坪路	地名景观	北川羌族自治县曲山镇
191	什邡镇京什旅游文化特色街	地名景观	德阳市什邡市
192	北京大道	地名景观	德阳市什邡市

续表

序号	景观名称	类型	地址
193	京安大桥	地名景观	德阳市什邡市
194	什邡市北京小学	地名景观	德阳市什邡市
195	京什东路	地名景观	德阳市什邡市
196	佛山大道	地名景观	汶川县水磨镇
197	龙江大道	地名景观	剑阁县下寺镇
198	锦州街	地名景观	安县晓坝镇
199	沈阳路	地名景观	安县晓坝镇
200	丹东街	地名景观	安县晓坝镇
201	大连路	地名景观	安县晓坝镇
202	抚顺街	地名景观	安县晓坝镇
203	鞍山街	地名景观	安县晓坝镇
204	铁岭街	地名景观	安县晓坝镇
205	马鞍大道	地名景观	安县晓坝镇
206	苏孝路	地名景观	绵竹市孝德镇
207	苏州公园	地名景观	绵竹市孝德镇
208	苏州街	地名景观	绵竹市孝德镇
209	苏州水街	地名景观	绵竹市孝德镇
210	映秀镇东莞大道	地名景观	汶川县映秀镇
211	新北川县城山东大道	地名景观	北川羌族自治县永昌镇
212	新北川县城辽宁大道	地名景观	北川羌族自治县永昌镇
213	马鞍路	地名景观	北川羌族自治县永昌镇
214	三湘大道	地名景观	理县杂谷脑镇
215	映秀镇漩口中学“汶川时刻”纪念碑	纪念碑石	汶川县映秀镇
216	辽宁援建——安县社会福利中心碑（记）	纪念碑石	绵阳市安县
217	辽宁援建——博爱碑（记）	纪念碑石	绵阳市安县
218	“特殊党费”援建项目碑（记）	纪念碑石	雅安市宝兴县

续表

序号	景观名称	类型	地址
219	北川老县城“铭记”大门	纪念碑石	北川羌族自治县
220	大爱筑羌城——山东对口援建北川纪铭石碑	纪念碑石	北川羌族自治县
221	地表破裂	纪念碑石	北川羌族自治县
222	北川中学重建碑（记）	纪念碑石	北川羌族自治县
223	崇州市人民医院——重庆援建碑（记）	纪念碑石	崇州市
224	大邑汶川死难人民纪念碑	纪念碑石	成都市大邑县
225	青川县东河口“大爱崛起”纪念碑	纪念碑石	青川县东河口村
226	青川县东河口“爱心石”	纪念碑石	青川县东河口村
227	青川县东河口温家宝题词石	纪念碑石	青川县东河口村
228	青川县东河口“震难天塚”	纪念碑石	青川县东河口村
229	飞来石	纪念碑石	青川县东河口村
230	东河口地震遗址公园碑（记）	纪念碑石	青川县东河口村
231	“5·12”汶川大地震遇难同胞纪念台	纪念碑石	青川县东河口村
232	“万众一心，不屈不挠，友爱互助，自强不息”碑（记）	纪念碑石	青川县东河口村
233	青川县东河口“地震石”	纪念碑石	青川县东河口村
234	虹口深溪沟地震遗迹陈列馆“5·12”纪念碑	纪念碑石	成都市都江堰市
235	“5·12”地震遗址碑（记）	纪念碑石	成都市都江堰市
236	广元市红军塔	纪念碑石	广元市
237	“广元市抗震救灾和灾后重建党性教育基地”石碑	纪念碑石	广元市
238	“援建纪念广场”石碑	纪念碑石	广元市
239	“5·12”地震灾后援建碑（记）	纪念碑石	广元市
240	汉旺镇“5·12”遇难者同胞纪念碑	纪念碑石	绵竹市汉旺镇
241	汉旺新镇牌坊	纪念碑石	绵竹市汉旺镇
242	无锡援建碑	纪念碑石	绵竹市汉旺镇
243	四川绵竹清平汉旺国家地质公园碑	纪念碑石	绵竹市汉旺镇

续表

序号	景观名称	类型	地址
244	“5·12”汉旺地震纪念碑	纪念碑石	绵竹市汉旺镇
245	特殊党费援建碑（记）	纪念碑石	雅安市汉源县
246	感恩石	纪念碑石	什邡市红白镇
247	辽宁援建——辽宁广场碑（记）	纪念碑石	安县花荄镇
248	枣树村大事记纪念碑	纪念碑石	青川县黄坪乡
249	剑阁县“5·12”汶川特大地震纪念碑	纪念碑石	广元市剑阁县
250	剑门关高级中学黑龙江援建碑	纪念碑石	广元市剑阁县
251	河南援建——连心桥碑（记）	纪念碑石	绵阳市江油市
252	福建援建——龙岩大道碑（记）	纪念碑石	彭州市军乐镇
253	同心石阵	纪念碑石	都江堰市龙池镇
254	虹口乡深溪沟“哀思碑”	纪念碑石	都江堰市龙池镇
255	湛江援建记	纪念碑石	汶川县龙溪乡
256	洛水镇“5·12”特大地震纪念碑	纪念碑石	什邡市洛水镇
257	博爱纪念碑——中国红十字会汶川地震捐赠	纪念碑石	什邡市马祖镇
258	博爱纪念碑	纪念碑石	剑阁县毛坝乡
259	珠海市对口援建绵虒记	纪念碑石	汶川县绵虒镇
260	草坡乡重建记	纪念碑石	汶川县绵虒镇
261	“感恩苏州”碑（记）	纪念碑石	德阳市绵竹市
262	“常思援建之情，常怀感激之心”碑（记）	纪念碑石	德阳市绵竹市
263	“连心广场——河北援建”碑（记）	纪念碑石	平武县南坝镇
264	彭州小鱼洞大桥“5·12”纪念碑	纪念碑石	彭州市
265	乔庄博爱学校纪念碑（记）	纪念碑石	青川县乔庄镇
266	“5·12”汶川大地震遇难同胞纪念台	纪念碑石	广元市青川县
267	北川遇难者公墓纪念碑	纪念碑石	北川羌族自治县曲山镇
268	三江乡恢复重建——广东省惠州市对口援建碑（记）	纪念碑石	汶川县三江镇

续表

序号	景观名称	类型	地址
269	“辽宁援建”碑——“德垂青史，恩泽千秋”（桑枣中学）	纪念碑石	安县桑枣镇
270	什邡市抗震救灾纪念碑	纪念碑石	德阳市什邡市
271	硫酸分厂纪念碑（记）	纪念碑石	德阳市什邡市
272	“抗震救灾，重建家园”碑（记）	纪念碑石	德阳市什邡市
273	“任何困难都难不倒英雄的中国人民”碑（记）	纪念碑石	德阳市什邡市
274	“向战斗在抗震救灾第一线的英雄们致敬”碑（记）	纪念碑石	德阳市什邡市
275	“让爱延续”碑（记）	纪念碑石	德阳市什邡市
276	磷氨干燥塔碑（记）	纪念碑石	德阳市什邡市
277	四川·什邡抗震救灾纪念广场碑（记）	纪念碑石	德阳市什邡市
278	北京大道碑（记）	纪念碑石	德阳市什邡市
279	京什旅游文化特色街牌坊	纪念碑石	德阳市什邡市
280	京什友谊纪念碑	纪念碑石	德阳市什邡市
281	“我们要坚强，我们必须要坚强，为了每一个深爱我的人一定要活下去!”碑（记）	纪念碑石	德阳市什邡市
282	“亲爱的宝贝，如果你能活下去，一定要记住，我爱你!”碑（记）	纪念碑石	德阳市什邡市
283	“5·12”地震异地安置纪念碑（记）	纪念碑石	邛崃市水口镇
284	水磨羌城——广东佛山援建碑（记）	纪念碑石	汶川县水磨镇
285	“5·12”纪念碑	纪念碑石	汶川县水磨镇
286	汶川县水磨镇全球灾后重建最佳范例奖碑（记）	纪念碑石	汶川县水磨镇
287	“水磨镇——汶川特色新城”广东佛山援建碑（记）	纪念碑石	汶川县水磨镇
288	福建援建——三明路碑（记）	纪念碑石	彭州市通济镇
289	广东援建汶川纪念碑	纪念碑石	汶川县威州镇
290	广州对口援建威州记	纪念碑石	汶川县威州镇
291	秉里村重建纪念碑	纪念碑石	汶川县威州镇

续表

序号	景观名称	类型	地址
292	“新家园，新生活”广州援建碑（记）	纪念碑石	汶川县威州镇
293	锅庄广场——广州援建碑（记）	纪念碑石	汶川县威州镇
294	广东省红十字会援建汶川纪念碑	纪念碑石	阿坝藏族羌族自治州汶川县
295	汶川县体育馆题记	纪念碑石	阿坝藏族羌族自治州汶川县
296	广州援建汶川博物馆记	纪念碑石	阿坝藏族羌族自治州汶川县
297	汶川县总工会工人文化宫重建记	纪念碑石	阿坝藏族羌族自治州汶川县
298	龙江小学校——黑龙江援建	纪念碑石	剑阁县下寺镇
299	“世代铭记河北保定援建恩情”碑（记）	纪念碑石	平武县响岩镇
300	江西援建碑（记）	纪念碑石	阿坝藏族羌族自治州小金县
301	辽宁援建——安县晓坝镇九年制学校碑（记）	纪念碑石	安县晓坝镇
302	辽宁援建——抗震救灾纪念广场碑（记）	纪念碑石	安县晓坝镇
303	卫生院——辽宁援建碑（记）	纪念碑石	安县晓坝镇
304	漩口抗震援建碑（记）	纪念碑石	汶川县漩口镇
305	“希望”纪念碑——温家宝与潘基文会晤处	纪念碑石	汶川县映秀镇
306	映秀镇东莞援建纪念碑	纪念碑石	汶川县映秀镇
307	映秀牛圈沟汶川地震震中纪念碑	纪念碑石	汶川县映秀镇
308	邱光华机组失事点纪念石碑	纪念碑石	汶川县映秀镇
309	桤木林地面断层工程铭牌	纪念碑石	汶川县映秀镇
310	中铁十三局汶川遇难者纪念碑	纪念碑石	汶川县映秀镇
311	澳门红十字会中滩堡博爱纪念碑	纪念碑石	汶川县映秀镇
312	映秀震中天崩石	纪念碑石	汶川县映秀镇
313	震源地映秀纪念碑	纪念碑石	汶川县映秀镇
314	东莞市援建映秀纪念碑	纪念碑石	汶川县映秀镇

续表

序号	景观名称	类型	地址
315	映秀华章石碑	纪念碑石	汶川县映秀镇
316	汶川县七一映秀中学纪念碑	纪念碑石	汶川县映秀镇
317	牛圈沟震源点纪念碑	纪念碑石	汶川县映秀镇
318	铭恩石	纪念碑石	汶川县映秀镇
319	“5·12”震中映秀碑（记）	纪念碑石	汶川县映秀镇
320	渔子溪三桥——东莞援建碑（记）	纪念碑石	汶川县映秀镇
321	邱光华机组纪念碑	纪念碑石	汶川县映秀镇
322	邱光华机组纪念碑（记）	纪念碑石	汶川县映秀镇
323	北川县新生园纪念碑	纪念碑石	北川羌族自治县永昌镇
324	白鹿镇白鹿中学地震遗址公园主题雕塑“天心”	纪念雕塑	彭州市白鹿镇
325	白鹿镇“地震逃生”群雕	纪念雕塑	彭州市白鹿镇
326	成都烈士陵园邱光华机组雕像	纪念雕塑	成都市锦江区
327	胡锦涛与温家宝“5·12”地震时在机场“握手”雕塑	纪念雕塑	成都市大邑县
328	都江堰市七一聚源中学主题雕塑——“聚．源”	纪念雕塑	成都市都江堰市
329	“5·12”汶川特大地震纪念雕塑：脊梁	纪念雕塑	广元市
330	“废墟下的女神”雕塑	纪念雕塑	广元市
331	“救星”雕塑	纪念雕塑	广元市
332	“红军礼赞”雕塑	纪念雕塑	广元市
333	“5·12”爱心纪念坛	纪念雕塑	广元市
334	教育励志台	纪念雕塑	广元市
335	汉旺“大爱永生”雕塑	纪念雕塑	绵竹市汉旺镇
336	汉旺镇神武汉王残像	纪念雕塑	绵竹市汉旺镇
337	汉旺镇神武汉王雕像遗址	纪念雕塑	绵竹市汉旺镇
338	青川县县城入口雕塑“独臂擎砖”	纪念雕塑	广元市青川县
339	北川曲山镇汶川特大地震纪念馆序厅“山水永济”主题浮雕	纪念雕塑	北川羌族自治县曲山镇

续表

序号	景观名称	类型	地址
340	“铭记党恩”雕塑	纪念雕塑	德阳市什邡市
341	“感恩祖国，感恩北京”雕柱群	纪念雕塑	德阳市什邡市
342	“扭曲的钢框架结构”雕塑	纪念雕塑	德阳市什邡市
343	36 根文化柱雕塑群	纪念雕塑	安县晓坝镇
344	映秀镇漩口中学“汶川时刻”纪念雕塑	纪念雕塑	汶川县映秀镇
345	渔子溪瞭望台“5・12”祭台	纪念雕塑	汶川县映秀镇
346	下书院残墙	纪念墙	彭州市白鹿镇
347	青川县东河口祭祀纪念墙	纪念墙	青川县东河口村
348	什邡市中国“5・12”地震诗歌墙	纪念墙	德阳市什邡市
349	映秀镇漩口中学“5・12”汶川特大地震计事浮雕墙	纪念墙	汶川县映秀镇

附录 2　地震遗迹景观与旅游行为关系调研问卷

组别：________　时间：________　地点：________　序号：________

地震遗迹景观与旅游行为关系调研

我们正在进行一项有关“地震遗迹景观与旅游行为关系”的调研。问卷匿名，仅供科学研究，烦请如实填写。谢谢您的帮助！

成都理工大学旅游与城乡规划学院

第一部分：请根据您的认识，在对应的分值选项下划“√”。

您到地震灾区旅游的原因是？	完全同意	基本同意	一般	基本不同意	完全不同意
1. 我想要学习地震的知识	□5	□4	□3	□2	□1
2. 带孩子来学习地震知识	□5	□4	□3	□2	□1
3. 缅怀汶川地震受难者	□5	□4	□3	□2	□1
4. 增进家庭成员之间的感情	□5	□4	□3	□2	□1
5. 陪同亲友前来旅游	□5	□4	□3	□2	□1
6. 我早就想到这里旅游	□5	□4	□3	□2	□1
7. 我有责任了解汶川地震（作为中国人）	□5	□4	□3	□2	□1
8. 想要了解地震对灾区的危害或影响	□5	□4	□3	□2	□1
9. 自己或亲友曾经历了汶川地震	□5	□4	□3	□2	□1
10. 远离日常生活，舒缓工作压力	□5	□4	□3	□2	□1
11. 周围很多人都想到这里旅游	□5	□4	□3	□2	□1
12. 想要了解灾后恢复重建的情况	□5	□4	□3	□2	□1
13. 曾经来过，故地重游	□5	□4	□3	□2	□1
14. 想要了解灾区老百姓的生活	□5	□4	□3	□2	□1
15. 其他原因（请填写）					

第二部分：请根据您的思考，在对应的分值选项下划“√”。

到地震灾区旅游后，您想到了？	完全同意	基本同意	一般	基本不同意	完全不同意
1. 地震中无辜的遇难者	□5	□4	□3	□2	□1

续表

到地震灾区旅游后，您想到了？	完全同意	基本同意	一般	基本不同意	完全不同意
2. 震后遭受精神/身体伤害的幸存者	□5	□4	□3	□2	□1
3. 地震幸存者经历的生活艰辛	□5	□4	□3	□2	□1
4. 生命在灾难面前的脆弱与无助	□5	□4	□3	□2	□1
5. 比较重建后的城镇与它在我想象中样子	□5	□4	□3	□2	□1
6. 现在的生活来之不易	□5	□4	□3	□2	□1
7. 反思自己的价值观、生活方式等	□5	□4	□3	□2	□1
8. 防灾减灾教育的重要性	□5	□4	□3	□2	□1
9. 地震中人的生存权问题	□5	□4	□3	□2	□1
10. 反思抗争救灾工作	□5	□4	□3	□2	□1
11. 反思恢复重建工作	□5	□4	□3	□2	□1
12. 汶川地震发生时，我正在做什么？	□5	□4	□3	□2	□1
13. 新闻媒体对汶川地震的报道	□5	□4	□3	□2	□1
14. 回忆汶川地震发生前这里的样子	□5	□4	□3	□2	□1

第三部分：请根据您的感受，在对应的选项下划“√”。

到地震灾区旅游后，您感到？	完全同意	基本同意	一般	基本不同意	完全不同意
1. 害怕面对无情的自然灾害	□5	□4	□3	□2	□1
2. 对地震遗迹/遗址充满敬畏	□5	□4	□3	□2	□1
3. 仍很担心地质灾害来袭	□5	□4	□3	□2	□1
4. 悲痛于地震中许多人失去了生命	□5	□4	□3	□2	□1
5. 悲痛于城镇遭到地震的严重破坏	□5	□4	□3	□2	□1
6. 很同情地震幸存者的遭遇	□5	□4	□3	□2	□1
7. 很欣慰，震后人们的生活平静祥和	□5	□4	□3	□2	□1
8. 很欣慰，恢复重建工作卓有成效	□5	□4	□3	□2	□1
9. 很欣慰，重建后的城镇非常不错	□5	□4	□3	□2	□1
10. 很遗憾，没有更多的人持续关注灾区建设	□5	□4	□3	□2	□1

续表

到地震灾区旅游后，您感到？	完全同意	基本同意	一般	基本不同意	完全不同意
11. 很遗憾，没能够更好地保护好地震遗迹	□5	□4	□3	□2	□1
12. 很遗憾，灾后重建改变了传统的生活方式	□5	□4	□3	□2	□1

第四部分：请根据您的收获，在对应的分值选项下划“√”。

到地震灾区旅游后，您收获了？	完全同意	基本同意	一般	基本不同意	完全不同意
1. 增长了关于地震的知识	□5	□4	□3	□2	□1
2. 认识到汶川地震破坏非常严重	□5	□4	□3	□2	□1
3. 了解到汶川地震致数万人受难	□5	□4	□3	□2	□1
4. 知道了汶川地震是如何发生的	□5	□4	□3	□2	□1
5. 更正了我对汶川地震的部分认识	□5	□4	□3	□2	□1
6. 了解到了灾区恢复重建情况	□5	□4	□3	□2	□1
7. 感到自己有责任再次探访地震灾区	□5	□4	□3	□2	□1
8. 感到自己有责任缅怀地震死难者	□5	□4	□3	□2	□1
9. 与他人一并分享了对地震的感受	□5	□4	□3	□2	□1
10. 缓解了对地震的不好记忆或恐惧	□5	□4	□3	□2	□1
11. 很庆幸亲友免于地震之灾	□5	□4	□3	□2	□1
12. 更加珍视家人与亲朋好友	□5	□4	□3	□2	□1
13. 了却了故地重游的夙愿	□5	□4	□3	□2	□1
14. 了解了灾区老百姓的生活	□5	□4	□3	□2	□1
15. 增进人家/亲友之间的感情	□5	□4	□3	□2	□1
16. 与人家/亲友度过了愉快的一天	□5	□4	□3	□2	□1
17. 其他原因（请填写）					

1. 籍贯（常住地）________

2. 性别　1□男　2□女

3. 年龄　1□18 岁及以下　2□19～30 岁　3□31～45 岁　4□46～60 岁　5□60 岁以上

4. 学历 1□小学 2□初中 3□高中 4□大专 5□本科及以上 6□其他________

5. 到地震遗址旅游的次数 1□ 1 次 2□2 次 3□3 次及以上

6. 停留时间 1□1 天以内 2□2 天 3□3 天 4□4 天及以上

7. 职业 1□学生 2□教师 3□技术人员 4□工人 5□销售人员 6□自由职业 7□管理人员 8□待业 9□退休 10□公务员 11□军人 12□其他________

8. 是否选择再来旅游 1□是的，我会再来 2□还不能确定 3□不想再来了

9. 您对地震遗址旅游开发的建议________________________________

附录 3　地震纪念性景观与震区地方感调研（游客问卷）

组别：________　时间：________　地点：________　序号：________

我们正在进行有关“地震旅游”的调研。问卷匿名，仅供科学研究，请如实填写。

成都理工大学旅游与城乡规划学院

1. 请根据您的认识，在对应的分值选项下划“√”。

您到地震遗址旅游的原因是?	完全不同意	基本不同意	一般	基本同意	完全同意
1. 我想要学习地震的知识	□1	□2	□3	□4	□5
2. 带孩子来学习地震知识	□1	□2	□3	□4	□5
3. 祭奠汶川地震中遇难的人们	□1	□2	□3	□4	□5
4. 增进家庭成员之间的感情	□1	□2	□3	□4	□5
5. 陪同亲友前来旅游	□1	□2	□3	□4	□5
6. 我早就想到这里旅游	□1	□2	□3	□4	□5
7. 我有责任了解汶川地震	□1	□2	□3	□4	□5
8. 想要了解地震对灾区的危害或影响	□1	□2	□3	□4	□5
9. 自己或亲友曾经历了汶川地震	□1	□2	□3	□4	□5
10. 远离日常生活，舒缓工作压力	□1	□2	□3	□4	□5
11. 周围很多人都想到这里旅游	□1	□2	□3	□4	□5
12. 想要了解灾后恢复重建的情况	□1	□2	□3	□4	□5
13. 曾经来过，故地重游	□1	□2	□3	□4	□5
14. 想要了解灾区老百姓的生活	□1	□2	□3	□4	□5
15. 因前往其他景点而路过地震遗址	□1	□2	□3	□4	□5
16. 其他原因（请填写）	□1	□2	□3	□4	□5

2. 请根据您的感受，在对应的分值选项下划“√”。

你如何评价地震纪念性景观?	非常糟糕	较糟糕	一般	较好	非常好
1. 地震遗址区	□1	□2	□3	□4	□5

续表

你如何评价地震纪念性景观?	非常糟糕	较糟糕	一般	较好	非常好
2. 地震纪念馆	□1	□2	□3	□4	□5
3. 地震博物馆	□1	□2	□3	□4	□5
4. 地震展览馆	□1	□2	□3	□4	□5
5. 地震科普馆	□1	□2	□3	□4	□5
6. 纪念广场	□1	□2	□3	□4	□5
7. 纪念公园	□1	□2	□3	□4	□5
8. 墓地（遇难者公墓）	□1	□2	□3	□4	□5
9. 祭奠园	□1	□2	□3	□4	□5
10. 纪念林地	□1	□2	□3	□4	□5
11. 纪念碑	□1	□2	□3	□4	□5
12. 纪念牌	□1	□2	□3	□4	□5
13. 纪念雕塑	□1	□2	□3	□4	□5
14. 解说牌	□1	□2	□3	□4	□5
15. 地震宣传标语	□1	□2	□3	□4	□5
16. 地震导游词（导游手册）	□1	□2	□3	□4	□5
17. 地震实物展	□1	□2	□3	□4	□5
18. 地震图片展	□1	□2	□3	□4	□5
19. 地震视频/音频	□1	□2	□3	□4	□5
20. 地震纪念活动	□1	□2	□3	□4	□5
其他（请填写）	□1	□2	□3	□4	□5

3. 提到以上地震纪念性景观，你的感受是？请在对应的分值选项下划“√”。

害怕	□1	□2	□3	□4	□5	不害怕
保护的很差	□1	□2	□3	□4	□5	保护得很好
无关紧要	□1	□2	□3	□4	□5	非常重要
无趣	□1	□2	□3	□4	□5	有趣
普通	□1	□2	□3	□4	□5	特别

续表

害怕	□1	□2	□3	□4	□5	不害怕
人工建造	□1	□2	□3	□4	□5	自然形成
紧张	□1	□2	□3	□4	□5	放松
印象模糊	□1	□2	□3	□4	□5	印象深刻
不安全	□1	□2	□3	□4	□5	安全
压抑	□1	□2	□3	□4	□5	振奋

4. 请根据你的理解，在对应的分值选项下划“√”。

你如何评价地震遗址的价值?	完全不同意	基本同意	一般	基本不同意	完全同意
1. 视觉上非常震撼	□1	□2	□3	□4	□5
2. 有助于铭记这次灾难	□1	□2	□3	□4	□5
3. 有助于地震旅游发展	□1	□2	□3	□4	□5
4. 有助于灾后恢复重建	□1	□2	□3	□4	□5
5. 有助于警示后人，防震减灾	□1	□2	□3	□4	□5
6. 地震遗址成为新的旅游资源	□1	□2	□3	□4	□5
7. 地震遗址是重要的纪念遗产	□1	□2	□3	□4	□5
8. 地震遗址重要科学/教育功能	□1	□2	□3	□4	□5
9. 悼念逝者与举行纪念活动的地方	□1	□2	□3	□4	□5
10. 地震景观存在的价值不因人们的看法而改变	□1	□2	□3	□4	□5
11. 这里是神圣的纪念地（灾后重建的精神家园）	□1	□2	□3	□4	□5

5. 请根据您的感受，在对应的分值选项下划“√”。

你如何看待地震纪念遗址（灾区）?	完全不同意	基本不同意	一般	基本同意	完全同意
1. 我对地震灾区很有感情	□1	□2	□3	□4	□5
2. 我有故地重游的感觉	□1	□2	□3	□4	□5
3. 如果地震遗址消失，我会非常难过	□1	□2	□3	□4	□5

续表

你如何看待地震纪念遗址（灾区）?	完全不同意	基本不同意	一般	基本同意	完全同意
4. 如果长时间不来这里，我会非常想念	□1	□2	□3	□4	□5
5. 我感到自己融入了精神家园	□1	□2	□3	□4	□5
6. 参观地震遗址让我认识了自我	□1	□2	□3	□4	□5
7. 地震遗址的命运与我息息相关	□1	□2	□3	□4	□5
8. 地震遗址带给我许多回忆	□1	□2	□3	□4	□5
9. 地震遗址对我有特别的意义	□1	□2	□3	□4	□5
10. 我只想到这处地震遗址参观/祭奠逝者	□1	□2	□3	□4	□5
11. 这处遗址比其他地震遗址更值得参观/祭奠逝者	□1	□2	□3	□4	□5
12. 没有任何地震纪念地比这里更重要	□1	□2	□3	□4	□5
13. 这处地震遗址是我最想祭奠遇难者/参观之处	□1	□2	□3	□4	□5

1. 常住地（市、镇、村）________

2. 性别　1□男　2□女

3. 年龄　1□18 岁以下　2□18～24 岁　3□25～34 岁　4□35～44 岁　5□45～54 岁　6□55～64 岁　7□65 岁及以上　8□不回答

4. 学历　1□初中、中专、小学　2□高中、职高　3□大专　4□本科　5□硕士及以上　6□其他（填写）________

5. 职业　1□全职工作　2□兼职工作　3□学生　4□自主创业　5□退休　6□待业　7□其他（填写）________

6. 到地震遗址旅游的次数　1□1 次　2□2 次　3□3 次及以上

7. 停留时间　1□1 天以内　2□2 天　3□3 天及以上

8. 是否选择再来旅游　1□不想再来了　2□还不能确定　3□是的，我会再来

9. 是否支持发展地震旅游　1□不应该发展地震旅游　2□无所谓　3□是的，完全支持

10. 支持或不支持地震旅游的原因及其他建议（请填写）

附录 4　地震纪念性景观与震区地方感调研（居民问卷）

组别：________　时间：________　地点：________　序号：________

我们正在进行有关“地震旅游”的调研。问卷匿名，仅供科学研究，请如实填写。

成都理工大学旅游与城乡规划学院

1. 请根据您的感受，在对应的分值选项下划“√”。

你如何评价地震纪念性景观？	非常糟糕	较糟糕	一般	较好	非常好
1. 地震遗址区	□1	□2	□3	□4	□5
2. 地震纪念馆	□1	□2	□3	□4	□5
3. 地震博物馆	□1	□2	□3	□4	□5
4. 地震展览馆	□1	□2	□3	□4	□5
5. 地震科普馆	□1	□2	□3	□4	□5
6. 纪念广场	□1	□2	□3	□4	□5
7. 纪念公园	□1	□2	□3	□4	□5
8. 墓地（遇难者公墓）	□1	□2	□3	□4	□5
9. 祭奠园	□1	□2	□3	□4	□5
10. 纪念林地	□1	□2	□3	□4	□5
11. 纪念碑	□1	□2	□3	□4	□5
12. 纪念牌	□1	□2	□3	□4	□5
13. 纪念雕塑	□1	□2	□3	□4	□5
14. 解说牌	□1	□2	□3	□4	□5
15. 地震宣传标语	□1	□2	□3	□4	□5
16. 地震导游词（导游手册）	□1	□2	□3	□4	□5
17. 地震实物展	□1	□2	□3	□4	□5
18. 地震图片展	□1	□2	□3	□4	□5
19. 地震视频/音频	□1	□2	□3	□4	□5
20. 地震纪念活动	□1	□2	□3	□4	□5
其他（请填写）	□1	□2	□3	□4	□5

2. 提到以上地震纪念性景观，你的感受是？请在对应的分值选项下划"√"。

害怕	□1	□2	□3	□4	□5	不害怕
缺乏保护	□1	□2	□3	□4	□5	保护良好
无关紧要	□1	□2	□3	□4	□5	非常重要
无趣	□1	□2	□3	□4	□5	有趣
普通	□1	□2	□3	□4	□5	特别
人工建造	□1	□2	□3	□4	□5	自然形成
紧张	□1	□2	□3	□4	□5	放松
印象模糊	□1	□2	□3	□4	□5	印象深刻
不安全	□1	□2	□3	□4	□5	安全
压抑	□1	□2	□3	□4	□5	振奋

3. 请根据您的感受，在对应的分值选项下划"√"。

如何评价你居住的城镇？	完全不同意	基本不同意	一般	基本同意	完全同意
1. 我对这个地方很有感情	□1	□2	□3	□4	□5
2. 住在这里让我感到自在	□1	□2	□3	□4	□5
3. 如果搬到其他地方住，我会非常难过	□1	□2	□3	□4	□5
4. 如果长时间到外地，我会非常想念这里	□1	□2	□3	□4	□5
5. 我已融入了当地生活	□1	□2	□3	□4	□5
6. 这里是我成长的地方	□1	□2	□3	□4	□5
7. 这个地方是我的家乡	□1	□2	□3	□4	□5
8. 这个地方带给我许多回忆	□1	□2	□3	□4	□5
9. 这个地方对我有特别的意义	□1	□2	□3	□4	□5
10. 我在这里比在其他地方生活得更好	□1	□2	□3	□4	□5
11. 这里的生活环境比其他地方都好	□1	□2	□3	□4	□5
12. 没有任何地方可比这里更好	□1	□2	□3	□4	□5
13. 这里是我最愿意住的地方	□1	□2	□3	□4	□5

4. 请根据您的态度，在对应的分值选项下划“√”。

如果你或你的家人、街坊搬到外地住，你的态度是?	完全不同意	基本不同意	一般	基本同意	完全同意
1. 我不太愿意一个人到外地生活	□1	□2	□3	□4	□5
2. 我不希望家人独自到外地生活	□1	□2	□3	□4	□5
3. 我不愿意和家人搬到外地生活	□1	□2	□3	□4	□5
4. 我不愿意搬离现在熟悉的小区	□1	□2	□3	□4	□5
5. 如果熟悉的街坊搬家到外地会使我很感伤	□1	□2	□3	□4	□5
6. 如果我和熟悉的街坊都搬家会让我很感伤	□1	□2	□3	□4	□5
7. 我不愿意搬离现在熟悉的城镇	□1	□2	□3	□4	□5
8. 如果镇上的熟人搬家到外地会使我很感伤	□1	□2	□3	□4	□5
9. 如果我和镇上的熟人都搬家会让我很感伤	□1	□2	□3	□4	□5

1. 常住地（市、镇、村）________

2. 性别　1□男　2□女

3. 年龄　1□18 岁以下　2□18～24 岁　3□25～34 岁　4□35～44 岁　5□45～54 岁　6□55～64 岁　7□65 岁及以上　8□不回答

4. 学历　1□初中、中专、小学　2□高中、职高　3□大专　4□本科　5□硕士及以上　6□其他（填写）________

5. 职业　1□全职工作　2□兼职工作　3□学生　4□自主创业　5□退休　6□待业　7□其他（填写）________

6. 本地居住时间　1□1～4 年　2□5～10 年　3□10 年以上

7. 是否支持发展地震旅游　1□不应该发展地震旅游　2□无所谓　3□是的，完全支持

8. 支持或不支持地震旅游的原因及其他建议（请填写）

附录 5　灾区居民最优模型路径系数估计

			S. E.	C. R.	*P*	SRW
FAC11	←	FAC5	0.098	4.002	***	0.321
FAC9	←	FAC11	0.085	2.047	0.041	0.153
FAC9	←	FAC5	0.111	4.542	***	0.361
FAC2	←	FAC5				0.885
FAC1	←	FAC5	0.124	9.089	***	0.950
FAC3	←	FAC5	0.127	8.873	***	0.990
FAC4	←	FAC5	0.115	8.407	***	0.876
FAC7	←	FAC9	0.079	10.069	***	0.938
FAC10	←	FAC9	0.064	4.021	***	0.301
FAC8	←	FAC9	0.079	9.247	***	0.842
FAC6	←	FAC9				0.922
A8_1	←	FAC4				0.688
A13_1	←	FAC3				0.671
A16_1	←	FAC1				0.713
A3_1	←	FAC2	0.097	8.985	***	0.639
A4_1	←	FAC2	0.103	9.967	***	0.712
A5_1	←	FAC2				0.697
A17_1	←	FAC1	0.092	10.893	***	0.747
A18_1	←	FAC1	0.088	9.551	***	0.652
A19_1	←	FAC1	0.090	8.221	***	0.562
A20_1	←	FAC1	0.093	8.634	***	0.588
A14_1	←	FAC3	0.089	10.483	***	0.752
A15_1	←	FAC3	0.103	9.577	***	0.678
A9_1	←	FAC4	0.105	10.667	***	0.800
A10_1	←	FAC4	0.103	9.637	***	0.702
A12_1	←	FAC3	0.107	9.546	***	0.675

续表

			S. E.	C. R.	*P*	SRW
A2 _ 1	←	FAC2	0.080	9.343	***	0.666
A1 _ 1	←	FAC2	0.091	9.250	***	0.655
B7 _ 1	←	FAC6	0.069	14.972	***	0.801
B8 _ 1	←	FAC6	0.070	13.199	***	0.844
B9 _ 1	←	FAC6	0.073	11.990	***	0.768
B1 _ 1	←	FAC7				0.758
B2 _ 1	←	FAC7	0.063	16.273	***	0.746
B3 _ 1	←	FAC7	0.092	9.187	***	0.593
B4 _ 1	←	FAC7	0.091	13.087	***	0.824
B10	←	FAC8				0.725
B11	←	FAC8	0.094	11.116	***	0.750
B12	←	FAC8	0.096	11.122	***	0.750
B13	←	FAC8	0.093	12.136	***	0.824
B5 _ 1	←	FAC7	0.092	12.298	***	0.777
B6	←	FAC6				0.753
D1 _ 1	←	FAC10				0.661
D2 _ 1	←	FAC10	0.080	10.916	***	0.564
D3 _ 1	←	FAC10	0.088	11.301	***	0.658
D4 _ 1	←	FAC10	0.107	10.809	***	0.804
D5 _ 1	←	FAC10	0.101	9.131	***	0.655
D6 _ 1	←	FAC10	0.102	9.814	***	0.713
D7 _ 1	←	FAC10	0.101	10.861	***	0.809
D8 _ 1	←	FAC10	0.100	9.815	***	0.717
D9 _ 1	←	FAC10	0.096	10.477	***	0.774
C1 _ 1	←	FAC11				0.594
C2 _ 1	←	FAC11	0.127	7.199	***	0.573
C3 _ 1	←	FAC11	0.126	7.870	***	0.649
C4 _ 1	←	FAC11	0.122	7.524	***	0.609

续表

			S. E.	C. R.	*P*	SRW
C5_1	←	FAC11	0.123	8.081	***	0.675
C6_1	←	FAC11	0.128	6.614	***	0.514
C7_1	←	FAC11	0.102	7.335	***	0.466
C8_1	←	FAC11	0.125	7.655	***	0.624
C9_1	←	FAC11	0.129	7.660	***	0.626
C10_1	←	FAC11	0.114	6.006	***	0.460

注：S. E.（Standard Estimates）：标准化估计值；C. R.（Critical Ratio）：临界比率；*P*（Probability）：显著性概率；***表示在 0.001 水平上显著；SRW（Standardized Regression Weights）：标准化路径系数。